AF275387

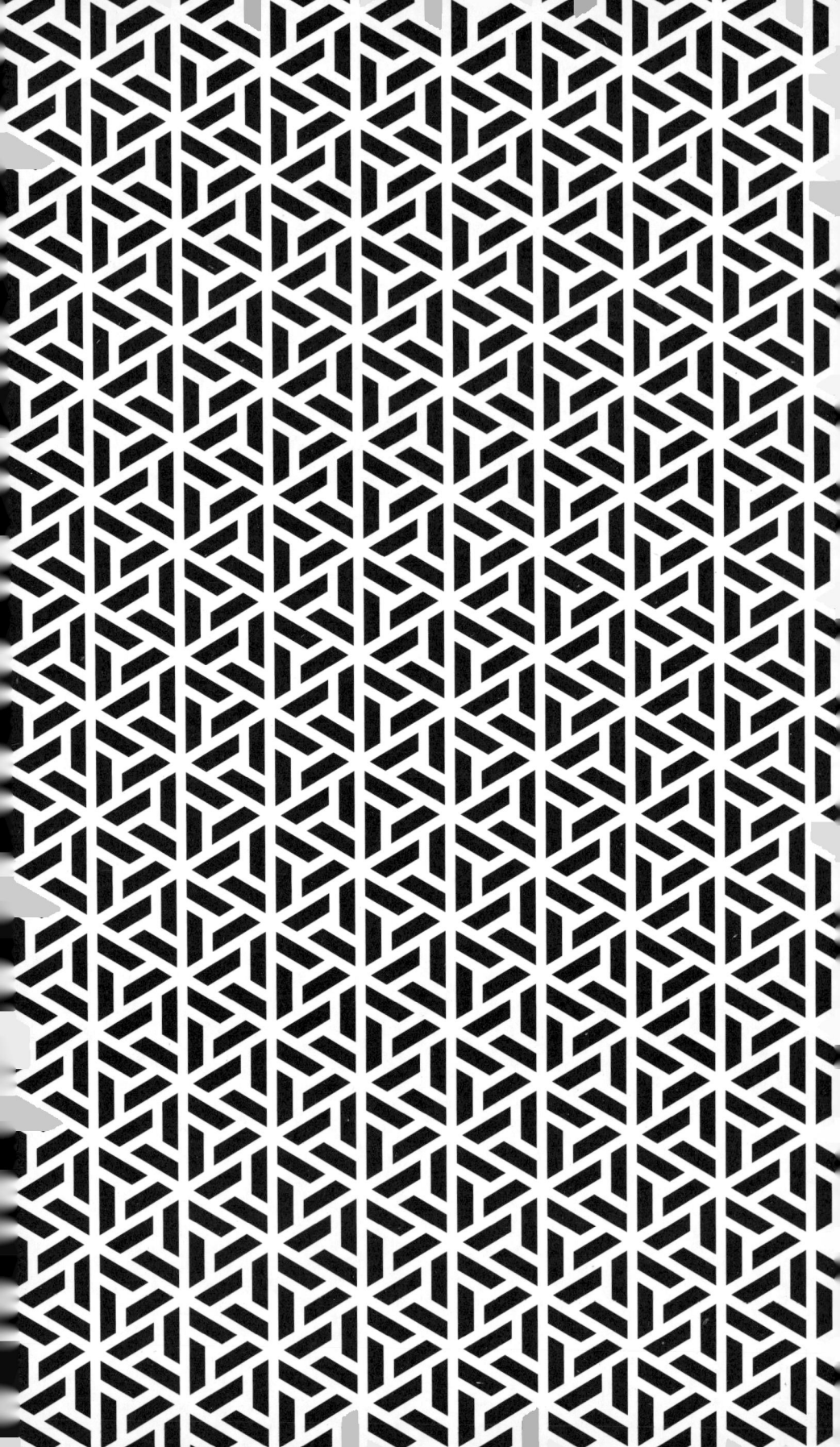

Historia del oro

ALEJANDRO NAVARRO

Historia del oro

El metal de los dioses

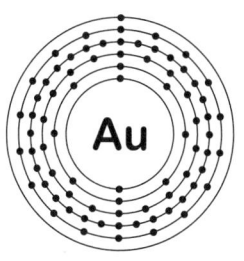

GUADALMAZÁN

© Alejandro Navarro, 2024
© Talenbook, s. l., 2024

Primera edición: junio de 2024

Guadalmazán • Colección Divulgación Científica
Director editorial: Antonio Cuesta
Corrección: Nemo edición y comunicación

www. editorialguadalmazan. com
pedidos@almuzaralibros. com - info@almuzaralibros. com

Talenbook, s. l.
C/ Cervantes 26 • 28014 • Madrid

Imprime: Liberduplex
ISBN: 978-84-19414-17-5
Depósito Legal: M-11334-2024
Hecho e impreso en España-*Made and printed in Spain*

Índice

Introducción
El material de los dioses

Agotado y con cara de pocos amigos, Francisco Vázquez de Coronado detuvo su caballo al borde del acantilado. En su rostro se dibujaba una expresión sombría. Acompañado de sus hombres, llevaba casi dos años explorando las semidesiertas tierras situadas al norte del virreinato de Nueva España, en busca de las míticas Siete Ciudades de Cíbola, tal y como le había ordenado su amigo, el virrey. Allí, todos creían en la tradición en la que se aseguraba que estos enclaves habían sido fundados por siete obispos que escaparon de Hispania cargados de riquezas cuando los árabes invadieron la Península hacía más de ocho siglos, y corrían rumores acerca de su localización desde hacía años, concretamente desde que los españoles habían acabado con el Imperio azteca. Por un lado, los vencidos afirmaban que el oro utilizado en sus monumentos provenía de aquellas lejanas regiones y, por otro, los náufragos de la fracasada expedición de Pánfilo de Narváez a la Florida defendían la supuesta existencia de ricas ciudades por esa zona. Durante muchos meses, la dureza del viaje y las penurias sufridas habían sido compensadas por la esperanza de encontrar las fabulosas ciudades de oro que, según el ahora caído en desgracia fraile Marcos de Niza, eran más grandes y ricas que la mismísima Tenochtitlán[1]. En

---

1   Antigua capital del Imperio azteca, situada en el lugar en el que hoy se encuentra Ciudad de México.

La conquista del Colorado, óleo del pintor Augusto Ferrer-Dalmau que representa la expedición de Francisco Vázquez de Coronado.

su periplo, Coronado y los suyos habían atravesado grandes extensiones de lo que ahora son los estados de Arizona, Nuevo México, Texas, Oklahoma y Kansas, pero no habían encontrado nada, salvo pequeñas concentraciones de chozas habitadas por indios a menudo hostiles. Cansado, y con su grupo reducido a cien supervivientes, Coronado se preguntaba en qué momento se había dejado embaucar por la sempiterna sed de oro de los conquistadores, que lo había llevado a los confines del mundo conocido en persecución de un sueño de cuya realidad jamás hubo prueba alguna.

Esta pequeña novelización acerca de la famosa expedición de Coronado[2] nos sirve de introducción a un texto en el que vamos a contarte, con todo lujo de detalles, la historia del más célebre, fascinante y codiciado de todos los materiales del universo, el hermoso y brillante oro. ¿De dónde procede la palabra «oro» y qué significa realmente? Casi todo el mundo sabe que este vocablo procede del latín *aurum*, pero la cuestión es cuál es la procedencia de la palabra latina. No olvidemos que el oro fue uno de los primeros metales con los que se encontró la humanidad, por lo que debió de tener un nombre desde una época muy anterior a la de nuestros queridos ancestros romanos. Así, buceando en la etimología, nos encontramos primero con el latín preclásico *ausum* y, después, con la antiquísima raíz protoindoeuropea *aus*, derivada de la aún más antigua *us (*h₂ues)*, que se encuentra también detrás de palabras como «aurora», «este» (el punto cardinal) y «austral», y cuyo significado parece que hacía referencia a la luz, el brillo y el resplandor y, en el caso de «aurora», al amanecer. Es cierto que el oro nativo, tal y como se encuentra en las pepitas que nuestros antepasados podían encontrar en los lechos de los ríos, es mucho menos brillante que el de las joyas, siendo más bien un brillo apagado, parecido al del cielo al des-

---

2   A pesar de todo, la vida no trató del todo mal al intrépido conquistador. A su regreso de la expedición, el virrey lo confirmó en el cargo de gobernador de Nueva Galicia, tras lo cual se instaló con su familia en Ciudad de México, desde donde se dedicó a administrar el patrimonio que había reunido. A pesar de que tuvo que lidiar con una demanda por supuesta crueldad con los indígenas, resultó absuelto en el juicio y terminó sus días siendo rico y respetado.

Dracma AR (13 mm, 4,25 g), Atenas, 454-404 a. C. Cabeza de Atenea con casco / Búho y rama de olivo. El talento del estándar ático equivalía a 6 000 de estas monedas y su peso en plata [GRUPO NUMISMÁTICO CLÁSICO].

puntar el día. De este modo, el oro podría ser nada menos que el metal del «brillante amanecer», sin duda un poético nombre para el material más hermoso y codiciado del planeta[3]. Esta relación entre los distintos nombres del oro y el concepto de «brillo» parece estar extendida a lo largo y ancho del planeta, ya que en muchas otras lenguas la encontramos también. En hebreo, por ejemplo, la voz *zahab* deriva de una raíz que se refiere a brillar o relucir, y es exactamente el mismo vocablo que se utiliza en árabe para referirse al oro. Por otra parte, si hablamos de etimología, la influencia del oro en las lenguas de nuestra civilización está por todas partes, incluso en aquellos vocablos en los que no resulta nada evidente; por ejemplo, la palabra «talento», entendida como «conjunto de dotes que Dios concede a los hombres», deriva de la voz griega *talentum,* una moneda de la antigua Grecia cuyo nombre, a su vez, deriva de una medida egipcia para el oro. ¿Cuándo empezó nuestra especie a trastear con el rey de los metales? Esta es una pregunta muy difícil de contestar aunque, al encontrarse en estado nativo y tener un color tan llamativo, es prácticamente seguro que se trata del metal más antiguo con el que se toparon nuestros antepasados. De hecho, se han encontrado pequeñas cantidades de oro nativo en refugios paleolíticos en lo que hoy es España, con una antigüedad cercana a los cuarenta mil años. Por descontado, el trabajo del oro, u orfebrería, es con toda probabilidad muy posterior, ya que requiere de herramientas elaboradas que seguramente no estuvieron disponibles hasta el Neolítico. Por lo demás, y por lo que sabemos, los cazadores-recolectores que jalonaron el 95 % de la trayectoria de nuestra especie no debieron de mostrar demasiado interés por el metal amarillo. Incluso hoy día no lo hacen, probablemente y entre otras cosas porque el oro es demasiado blando como para fabricar armas con él.

Curiosamente, y tal y como figura en el portal oficial de turismo de Bulgaria en internet, el oro trabajado más antiguo del mundo no ha sido encontrado en Egipto o en Mesopotamia,

---

3   La palabra inglesa para el oro —*gold*— también procede, en última instancia, de *ghelh₃*-, otra raíz protoindoeuropea que significa, asimismo, brillar.

ni tampoco en China o en la India. De forma sorprendente, ha sido hallado cerca de Varna, en la costa búlgara del mar Negro, donde en 1972 los arqueólogos sacaron a la luz una necrópolis del quinto milenio antes de nuestra era de la que, de momento, se han extraído más de tres mil objetos de oro, muchos de ellos de preciosa y sofisticada factura, lo que apunta a que la práctica de la orfebrería es todavía más antigua, al menos en esa zona. En concreto, hay una sepultura, la famosa «tumba 43», que contenía casi mil objetos de oro, con un peso total de kilo y medio del preciado metal: un auténtico tesoro.

Algunas de las ofrendas funerarias expuestas en el Museo de Varna, destacan las piezas de oro halladas.

Es difícil de decir cómo se extendió la orfebrería por el resto de la zona del Mediterráneo oriental y el Próximo Oriente, pero es probable que en Egipto los artefactos de oro hiciesen su aparición al principio del período predinástico, a finales del quinto milenio y comienzos del cuarto. En cuanto a Mesopotamia, los hallazgos arqueológicos apuntan a este último período. En el centro y el norte de Europa, los primeros objetos del más noble de los metales, tales como los fascinantes «sombreros de oro»[4] o el enigmático «disco de Nebra», una de las más antiguas representaciones de la bóveda celeste que conservamos, no aparecen hasta la Edad del Bronce, ya en el segundo milenio antes de nuestra era.

En Egipto, la industria del oro se convirtió con el tiempo en una de las actividades económicas de mayor importancia de todo el reino. Al principio, el preciado metal solo se encontraba en la superficie, cerca de los ríos, pero hacia finales del tercer milenio antes de nuestra era los egipcios comenzaron a sacarlo del subsuelo. En aquella época, las principales minas de las que los hijos del Nilo extraían el oro estaban en Nubia, en lo que hoy es Sudán. De hecho, llamaban al metal *nub.* Los artesanos que fabricaban joyas y otros objetos de oro para los nobles estaban tan cotizados que llegaban a tener casi el estatus de sacerdotes. En Mesopotamia, por su parte, y más en concreto en la antiquísima ciudad de Ur, hacia el año 2500 a. C., se empezaron a fabricar cadenas de oro, una innovación espectacular que pronto se extendió por todo el creciente fértil. Las civilizaciones minoica y micénica también desarrollaron una gran maestría en el trabajo del rey de los metales. A finales de la Edad del Bronce, en el arco mediterráneo, se empleaban ya una amplia gama de técnicas de orfebrería, que daban como resultado todo tipo de collares, pendientes, anillos, brazaletes, diademas, colgantes y broches. Las técnicas no solo se limitaban al martillado, sino también a la

---

4   Se trata de cuatro piezas de oro en forma de sombrero cónico asociadas con la cultura protocéltica de la Edad de Bronce. Se cree que sirvieron en ceremonias religiosas del culto al Sol, que en aquella época estaba muy extendido por Europa occidental y central.

Un orfebre en su taller, de Petrus Christus, datado en 1449 y ubicado en el Museo Metropolitano de Arte de Nueva York. La obra representa un orfebre, posiblemente san Eligio, atendiendo a una rica pareja de clientes burgueses en su taller. Sostiene una balanza, presumiblemente pesando oro para anillos de boda. La tienda está llena de objetos realistas y simbólicos, como un recipiente de cristal con la figura de un pelícano, símbolo del sacrificio de Cristo.

granulación[5], el cincelado, el repujado, el moldeado, la incrustación y el grabado, además del engarzado de piedras preciosas y semipreciosas. La máscara de Tutankamón, de la que luego hablaremos, es un ejemplo fabuloso de esto último.

A medida que las técnicas para su tratamiento se iban desarrollando, el trabajo del maravilloso metal se extendió por todo el planeta, convirtiendo al oro, por derecho propio, en uno de los principales protagonistas de nuestra civilización, uno que ha escrito la historia de la humanidad desde hace milenios, llenándola de relatos de riquezas, de poder y de codicia. En este libro, te contaremos algunas de las razones que han convertido al rey de los metales en lo que es hoy día y estudiaremos sus asombrosos orígenes, sus mágicas propiedades, su papel en la economía de nuestro mundo y su incomparable poder de fascinación. Por el camino verás desfilar a reyes y emperadores, piratas antiguos y modernos, alquimistas y estafadores e incluso joyeros y hombres de negocios. Descubrirás que todos estos personajes tan diversos, y muchos más, solamente han tenido una cosa en común: la irresistible fascinación que provoca el oro. Claro está que la gran pregunta es: «¿De dónde sale tanta atracción?». Bueno, cuando hayas terminado el libro, y parafraseando a Sam Spade, aquel famoso detective de las novelas de Dashiell Hammett protagonista de *El halcón maltés,* puede que llegues como yo a la conclusión de que, después de todo, tal vez el oro no esté hecho de protones y neutrones, sino tan solo de la materia con la que se construyen los sueños.

---

5   Técnica consistente en hacer pasar oro fundido a través de pequeños agujeros, formando gotitas que se recogen en un recipiente con agua en el que se crean pequeñas esferas doradas.

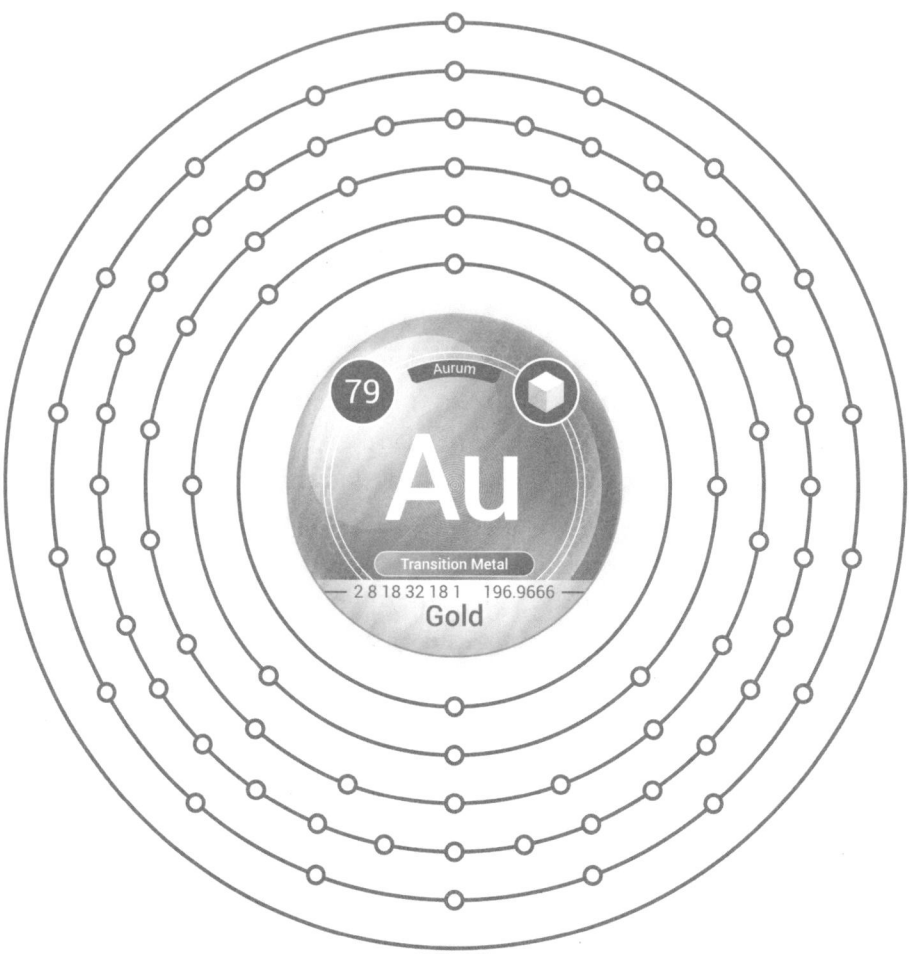

Este esquema representa de manera simplificada la disposición de los electrones en la estructura atómica del oro, teniendo en cuenta su configuración electrónica y los principios de la teoría del orbital atómico: Capa 1 (K): 2 electrones. Capa 2 (L): 8 electrones. Capa 3 (M): 18 electrones. Capa 4 (N): 32 electrones. Capa 5 (O): 18 electrones. Capa 6 (P): 1 electrón.

Un metal prodigioso

Es evidente que gran parte de la fascinación que ejerce el más codiciado de los metales sobre nosotros tiene que ver con su hermosa tonalidad dorada. Pero ¿por qué el oro tiene ese color tan peculiar? Como puedes imaginarte, la respuesta se encuentra entre los entresijos de la estructura electrónica de tan noble elemento. El átomo de oro es uno de los más pesados de toda la tabla periódica, ya que contiene 79 protones. Esto significa que la carga eléctrica con la que el núcleo del átomo atrae a los electrones de la corteza —también 79— es muy grande, lo que obliga a que los electrones giren a su alrededor a una velocidad que equivale a casi la mitad de la de la luz[6]. Si no fuesen tan rápido, la atracción de los protones haría que se precipitasen contra el núcleo. Pero, a semejante velocidad, los electrones experimentan efectos relativistas, lo cual se traduce en que sus orbitales se contraen. En los átomos, los orbitales son como las «habitaciones» en donde se alojan los electrones, de modo que la contracción relativista hace que sea más fácil pasar de la tuya a la del vecino. En el caso de la peculiar corteza electrónica de nuestro amigo, el efecto descrito se traduce en que el último orbital del átomo («habitación» 6S) se acerca lo suficiente al anterior («habitación» 5d) como para que la absorción de energía necesaria para que un electrón salte del 5d al 6s cuando la luz incide sobre la superficie del oro sea inferior a la de otros metales. Y, dado que la energía depende de la frecuencia, el regio elemento

---

6   299 792 kilómetros por segundo en el vacío.

Lingote de oro de 250 gramos. El término «Fine Gold 9999» hace referencia a un oro de alta pureza. *«Fine»* se utiliza para indicar esa cualidad, mientras que el número «9999» indica el grado exacto de pureza expresado en partes por mil. En este caso significa que el oro es extremadamente puro; de cada 1000 partes, 999 son oro. Se considera el estándar para el oro utilizado en inversión y en la fabricación de productos de muy alta calidad.

absorbe la luz en el rango azul-violeta del espectro visible, en lugar de hacerlo en el ultravioleta, como es el caso de la mayoría de sus primos. ¡El hermoso oro, por tanto, refleja el color complementario al azul, que no es otro que el amarillo!

Naturalmente, resulta muy factible alterar el color de las joyas o de las monedas mezclando el oro con otros metales; por ejemplo, tres cuartas partes de oro por una de cobre dan como resultado el llamado «oro rojo», mientras que, para obtener «oro rosa», simplemente tenemos que sustituir en la receta anterior la quinta parte del cobre por plata. Y, si en vez de plata cambiamos parte del cobre (digamos tres quintas partes) por níquel, obtendremos el llamado «oro gris». Más famoso es el «oro blanco», conocido ya por los antiguos griegos con el nombre de «electro»[7], una aleación natural de oro y plata en el que la quinta parte en proporción es de este último elemento. El oro blanco moderno[8], por su parte, se obtiene mediante la modificación de la composición del electro original, incluyendo una parte sustancial de paladio y otra algo menor de plata, dos de los metales preciosos (véase «La familia del rey»), aunque también a veces se combina el oro con metales como el manganeso o el níquel. En muchas ocasiones, las joyas de oro blanco se revisten de otro metal llamado «rodio» —del que luego hablaremos— para que brillen mucho más y sean un sustituto excelente de las de platino, que a menudo cuestan bastante. Pero ahí no acaba la cosa. El oro de 12 o de 18 quilates con cierto contenido de plata adquiere una tonalidad verde amarillenta, y es conocido como «oro verde». También es posible obtener «oro azul» mezclando el oro con un poco de hierro, así como «oro púrpura», mezclándolo con aluminio. Además, se pueden obtener otras tonalidades aún más exóticas utilizando elementos químicos como el manganeso o el indio. Como puedes ver, el más noble de los metales se deja que-

---

7   Existen evidencias de que el electro es una aleación conocida en Egipto, al menos desde el tercer milenio anterior a la era cristiana.
8   En realidad, la expresión «oro blanco» engloba toda una gama de tonalidades, desde el amarillo claro al rosa, siempre en función de la mezcla de metales concreta.

La Copa de Licurgo es una *diatreta* de vidrio romano del siglo IV. Es conocida por su elaborada técnica de tallado en vidrio dicroico, que causa un efecto de cambio de color dependiendo de la dirección desde la cual se ilumina. Cuando se ilumina desde atrás, la copa muestra un tono rubí, mientras que cuando se ilumina desde el frente, aparece verde. Este efecto es resultado de la forma en que el vidrio dicroico refleja y refracta la luz, creando un fenómeno visual muy llamativo. Es un ejemplo notable de la maestría artesanal y la sofisticación técnica alcanzada por los antiguos artesanos del vidrio romano.

rer lo suficiente como para formar mezclas con las que pueden diseñarse brillantes joyas de muchos colores.

Pero, en esta materia, todavía hay algo más impresionante. Resulta que el oro coloidal, una suspensión de nanopartículas del fascinante metal en un fluido, da como resultado un hermoso color vino tinto cuando el fluido es el agua y el tamaño de las partículas de metal precioso es menor de 100 nanómetros (¡100 milmillonésimas de metro!), o un no menos bonito color entre azul y púrpura en el caso de partículas de mayor tamaño. Y, si en vez de en agua la suspensión es en vidrio, suceden cosas casi de ciencia ficción, como el hecho de que el vidrio cambie de tonalidad dependiendo de cómo le dé la luz. Por increíble que pueda parecer, esta propiedad ya podría haber sido conocida en tiempos de los romanos, como atestigua la asombrosa copa de Licurgo[9], fabricada en el siglo IV de nuestra era en vidrio dicroico, que parece de color verde cuando se la ilumina por delante y de color rojo cuando se hace por detrás. La presencia de nanopartículas de oro y plata en la sorprendente copa es real y ha sido bien comprobada, aunque existe un debate acerca de si fueron echadas a propósito mediante un procedimiento desconocido o si, por el contrario, se trató de una afortunada casualidad fruto tal vez de un accidente fortuito, en el cual algo de polvo con trazas de oro y plata, tal vez procedentes de las herramientas o de la mesa del taller del artesano, terminaron dentro del vidrio. La peculiar corteza electrónica del oro es también la responsable de que el codiciado metal sea tan poco reactivo. De hecho, es una auténtica rareza que lo sea, ya que, en la tabla periódica, el oro se encuentra en el mismo grupo que el cobre y la plata, dos metales que se oxidan sin muchos problemas. Además, como metal de transición[10] que es, no debería ser

---

9   En la mitología grecorromana, Licurgo era un rey de Tracia que abominaba de Dioniso, el dios del vino. En una de las versiones del mito, el dios convierte a una de sus seguidoras, Ambrosía, en una enredadera en la que el furioso rey queda atrapado y termina muriendo. Esta es la versión que se muestra en la también extraordinaria decoración de la copa.

10 De entre los elementos metálicos, se consideran de transición los que en la tabla periódica se encuentran ubicados entre los grupos 3 y 12.

La onza troy es una unidad de medida utilizada principalmente en el comercio de metales preciosos, como el oro, la plata, el platino y el paladio. Equivale aproximadamente a 31.1035 gramos. Se subdivide en 20 *pennyweights* (denominados «dwt»), cada uno equivalente a 1/20 de una onza troy.

tan reacio a combinarse con otros elementos. Es más, el rey de los metales tiene tan solo un electrón en su último nivel energético —en el ya mencionado orbital 6s—, algo que les sucede a elementos tan reactivos como el sodio o el potasio. Sin embargo, sucede que el famoso orbital del oro está apantallado por otros, de modo que su único electrón residente tiene muy poca tendencia a entablar relaciones con posibles *partenaires* de otros átomos. Esto se traduce en que, por ejemplo, el oro no reaccione con el oxígeno a ninguna temperatura, lo que literalmente le impide oxidarse, así como que sea inmune a la acción de la mayoría de los ácidos y las bases. A temperaturas algo elevadas, puede reaccionar con los halógenos (el flúor, el cloro, el bromo y el yodo) para formar sales, así como con el fósforo, pero poco más.

Por supuesto, gran parte del inmenso atractivo del oro procede de esta tendencia a no juntarse con nadie (en otras palabras, a no estropearse), así como a algunas de sus peculiares y bastante impresionantes características, tales como su extrema ductilidad y maleabilidad. En efecto, y como si de una especie de chicle divino se tratase, una pieza de unos treinta gramos de oro (una onza troy) puede convertirse en un hilo extremadamente fino, de ¡hasta ochenta kilómetros de longitud! del precioso material[11]. Y, maltratado a martillazos, la misma cantidad de metal nos permite obtener nada menos que una lámina de 25 metros cuadrados. Esta última propiedad se ha utilizado a lo largo de la historia para producir el llamado «pan de oro», una finísima lámina de oro batido que puede llegar a tener no más de una diezmilésima de milímetro de grosor, unas cuatrocientas veces más fina que un cabello humano. De hecho, las láminas de oro batido pueden llegar a ser semitransparentes, de color azul verdoso. Nuestros antepasados ignoraban que, con semejante finura, estas láminas reflejan estupendamente la radiación infrarroja y, por eso, se utilizan hoy día para revestir visores resistentes al calor.

---

11   ¡Por asombroso que pueda parecer, es posible formar un cable de oro de un solo átomo de grosor y estirarlo considerablemente antes de que se rompa!

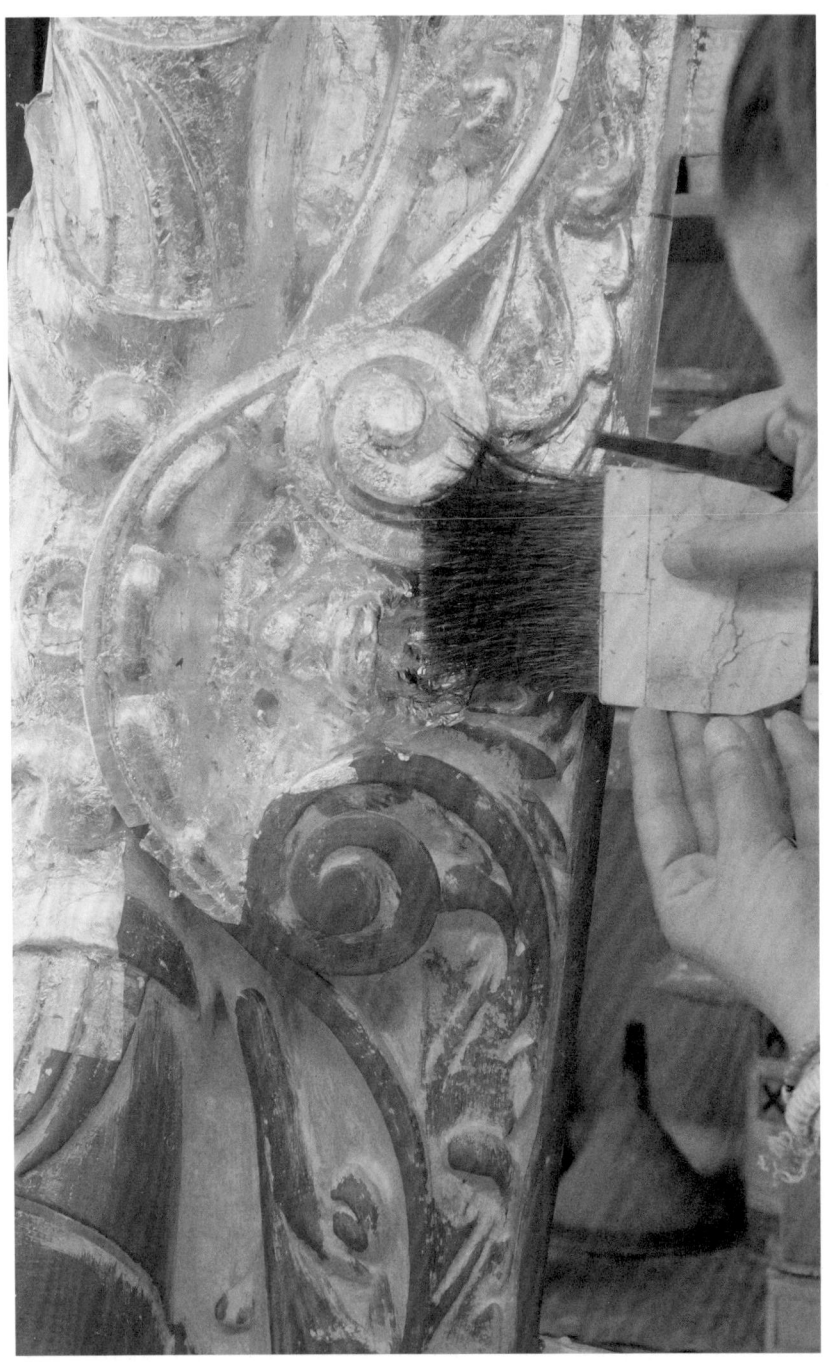

Una artesana dora un marco de madera con la técnica del «pan de oro».

Tradicionalmente, el pan de oro se ha usado en decoración, para dorar la superficie de objetos tales como esculturas, iconos, retablos, muebles y superficies arquitectónicas, tanto por dentro como por fuera. Pero no hay que confundir el pan de oro con el chapado, un procedimiento mecánico en el que, mediante calor y presión, se envuelve y fija una hoja de metal precioso a un núcleo de latón o de cobre, ni con el baño de oro, un procedimiento electroquímico para depositar una finísima capa de oro sobre otro metal, casi siempre cobre o plata. Existe una gran cantidad de técnicas asociadas a estos procedimientos, algunas conocidas desde tiempo inmemorial, habiendo referencias a ellas en muchos textos antiguos, desde la *Odisea* a la Biblia. Heródoto, por ejemplo, nos relata cómo los egipcios utilizaban, desde mucho tiempo atrás, láminas de oro para recubrir madera y otros metales (de hecho, se han encontrado muchos objetos tratados de esta manera en tumbas como la de Tutankamón), mientras que Plinio el Viejo nos recuerda cómo la introducción de este tipo de técnicas en Roma data de la época de la destrucción de Cartago (149 a. C.), que fue cuando los romanos comenzaron a recubrir de oro los techos de los templos y palacios de la Ciudad Eterna, empezando por el Capitolio. De hecho, la moda del revestimiento dorado se hizo tan popular entre los patricios romanos que pronto se extendió a las paredes y bóvedas de las casas de cualquiera que pudiese permitírselo. En cuanto a las piezas arqueológicas, uno de los ejemplos más antiguos y a la vez más impresionantes que conocemos de estas prácticas es el «carnero de los matorrales», un par de figuras que representan cabras encontradas en las excavaciones de la antiquísima ciudad de Ur, al sur de Irak, una de las cuales se encuentra en el Museo Británico y la otra en el de la Universidad de Pensilvania, en Filadelfia. Ambas cuentan con alrededor de cuatro mil quinientos años de antigüedad y tienen la cabeza y las patas, así como el árbol en el que se apoyan estas últimas, recubiertos de pan de oro, martillado contra la madera y pegado a ella con betún. De hecho, esta antigua técnica es la más sencilla de aplicar aún hoy día, ya que basta un librillo de hojas de pan de oro disponible

Artesanos en un taller de dorado. Esta grabado ofrece una fascinante visión de un taller de dorado en el siglo XVIII, donde hábiles artesanos trabajan con meticulosidad y destreza. En el bullicioso taller, se dedican a embellecer objetos con la técnica del dorado, aplicando finas capas de oro sobre superficies de madera u otros materiales. La escena está impregnada de un ambiente laborioso y creativo, mientras los artesanos realizan su labor con concentración y precisión.

Vainas de algarrobo con semillas y harina fabricada a partir de ellas.

comercialmente[12] y un pegamento especializado para recubrir parte de un cuadro, por ejemplo, con un bellísimo y fascinante toque dorado. Ahora bien, todo el mundo está acostumbrado a que la pureza del oro se mida en quilates. Pero ¿qué es un «quilate» y por qué se utiliza para esto?

En realidad, hay dos tipos diferentes de quilates. En primer lugar, está el que se usa en gemología para pesar las piedras preciosas, equivalente a 200 miligramos; es decir, una gema de 10 quilates pesará 2 gramos. El diamante tallado más grande del mundo, el hermosísimo Golden Jubilee, pesa casi ciento diez gramos, unos quinientos cuarenta y cinco quilates, para regocijo de los monarcas de Tailandia, que son sus actuales propietarios. Distinto es el quilate con el que se mide la pureza de los metales preciosos, y que equivale a la veinticuatroava (1/24) parte de la masa total del objeto en cuestión, sea cual sea este. Así, cuando nos referimos a una joya confeccionada con oro de 18 quilates, queremos decir que su aleación está hecha de 18 partes de oro sobre 24 o, lo que es lo mismo, de tres cuartas partes de oro; es decir, el rey de los metales se encuentra aquí con una pureza del 75 %.

Por tanto, una pieza de oro puro tiene que ser de 24 quilates. Lo gracioso del caso es que la palabra «quilate» no tiene un origen demasiado glamuroso, dado que procede de la antigua palabra griega *keration (κεράτιον)*, que significa «algarroba». ¿Y qué pinta una algarroba en todo esto? Pues resulta que, en la Antigüedad, las semillas del algarrobo se usaban para pesar joyas, porque son todas de un tamaño y un peso relativamente uniformes. Los árabes adoptaron la misma unidad con el nombre de *quirat*, que en español se ha transformado en el vocablo «quilate». Vamos que, en un principio, podríamos intentar comprar el Golden Jubilee por unas quinientas y pico semillas de algarrobo, aunque no sé si sus regios propietarios estarían de acuerdo. En cuanto a la relación del quilate con el oro, la culpa la tiene el emperador romano

---

12 La mayor parte del pan de oro comercial se fabrica en países como Alemania o Italia y se presenta en libritos de veinte a veinticinco hojas separadas por papel de seda. Las medidas más habituales de las láminas son de 5 × 5 u 8 × 8 centímetros.

La mina de oro Barrick Cowal, está ubicada a cielo abierto en Nueva Gales del Sur, Australia. Es operada por la compañía canadiense Barrick Gold Corporation, una de las mayores productoras de oro del mundo.

Constantino, que en el año 309 d. C. introdujo el *solidus*[13], una moneda que pesaba 24 quilates de puro metal precioso, y que se convertiría en la referencia del peso del ansiado elemento hasta, por lo menos, el siglo XII. La gran cantidad de devaluaciones y de fraudes de todo tipo que se produjeron a lo largo de los siglos hicieron que la pregunta clave fuese: «¿Cuántos de los supuestos 24 quilates de una pieza metálica son verdaderamente de oro?». De esta forma, una medida de masa se transformó, a la larga, en una de pureza.

Pero el quilate no es la única forma de medir la nobleza del oro. De hecho, la necesidad de afinar todo lo posible ha desembocado en la llamada «ley de pureza», que actualmente se mide en milésimas. Se trata de apreciar cuántas partes de cada mil en una aleación son de metal precioso puro, de modo que una pieza de oro de 24 quilates presenta una ley de 999 milésimas (siempre se cuela alguna impureza: ¿qué le vamos a hacer...?). Este grado de pureza se conoce como «3N», por lo de los tres nueves[14]. Asimismo, el oro de 18 quilates tiene una ley de 750 milésimas (recordemos, las tres cuartas partes) y se lo conoce como oro de «primera ley». En contraste, el oro de «segunda ley» tiene tan solo 583,3 milésimas, lo que equivale a 14 quilates, de modo que, si alguien le ofrece oro de ley (algo muy frecuente), mejor pregunte primero de qué ley estamos hablando.

Si bien es verdad que aproximadamente la mitad del oro que se extrae cada año en nuestro planeta se destina a la joyería, con casi la otra mitad convertida en instrumento de inversión, hay alrededor de un 10 % que se desvía a la industria. Esto no es de extrañar, dadas las extraordinarias propiedades del más noble de los metales en materia de ductilidad, maleabilidad, resistencia a la corrosión y conductividad eléctrica. Así, el oro para fines industriales se utiliza en gran medida en las conexiones internas de casi todos los instrumentos electrónicos sofisti-

---

13 De donde procede la palabra española «sueldo».

14 En 1957, la Real Casa de Moneda Australiana consiguió acuñar una pieza conocida como Plate 42C, que tiene un grado de pureza 6N, lo que equivale a una pureza... ¡del 99,9999 %!

Un testimonio del ingenio y la innovación de la era espacial soviética. El traje espacial Yastreb, que se exhibe en el Museo Espacial de Moscú, fue desarrollado específicamente para las primeras misiones de los vehículos espaciales Soyuz. Una característica notable de este traje es que la visera del casco está recubierta con una fina lámina de oro, lo que le otorga un color dorado distintivo.

cados que utilizamos, con el fin de protegerlos de las interrupciones que las pequeñas corrientes de bajo voltaje sufrirían de otro modo en los dispositivos de estado sólido. Un iPhone, por ejemplo, contiene 34 miligramos de oro distribuidos entre todas estas conexiones. Solo de los iPhone reciclados en el año 2015, la marca Apple recuperó nada menos que una tonelada de oro y, de hecho, a igualdad de peso se puede extraer más oro de los teléfonos viejos que de una muestra de buen mineral.

Otro sector donde se emplea el precioso metal de forma habitual es en la industria aeroespacial, tanto en satélites artificiales como en algunos telescopios o en los visores de los cascos de los astronautas, estos últimos recubiertos de una finísima capa de oro (¡de unas cinco cienmilésimas de milímetro!) que los protege de la radiación solar, manteniéndolos transparentes al mismo tiempo. Ni que decir tiene que semejante propiedad tiene también considerable predicamento en la construcción, un sector donde se utiliza el oro para reducir el calor y la radiación ultravioleta que atraviesan las ventanas. Buen ejemplo de ello es el edificio del Royal Bank Plaza en Toronto (Canadá), cada uno de cuyos 14 000 paneles de cristal contiene 5 gramos de oro puro; es decir, que el banco está revestido de varios millones de dólares a valor de mercado, algo que tal vez pudiese justificar que alguien intentase desmontar los paneles, como si de la vieja ciudad de Kalgoorlie se tratara (véase capítulo cuatro).

Las asombrosas propiedades del más fascinante de los metales nos obligan a hacernos una interesante pregunta: «¿Cuál es la toxicidad del oro? ¿Nos pasa algo si nos tragamos un anillo o un pendiente?». En principio, no deberíamos tener demasiados problemas, a no ser que la pieza sea lo suficientemente grande como para que cueste expulsarla, dado que el oro elemental no es tóxico ni produce irritación en las mucosas, salvo que seas específicamente alérgico a él. La razón de su inocuidad es, como ya habrás imaginado, su casi nula afinidad por reaccionar con otras sustancias, así como la inexistencia de procesos bioquímicos conocidos en el tracto digestivo que permitan convertirlo en un compuesto absorbible. De hecho, la falta de toxicidad del oro ingerido es la razón de que, a veces, sea espol-

Goldwasser es una bebida alcohólica también conocida como «*Aqua Aurum*», que significa «agua dorada» en latín. Se caracteriza por tener pequeñas partículas de oro flotando en su interior. Se elabora a partir de una base de licor de hierbas y se le añade oro comestible en forma de pequeñas hojuelas o partículas.

voreado sobre determinadas preparaciones de alta cocina, o incluido como ingrediente de algunas bebidas alcohólicas, tales como el Goldwasser©, un aguardiente de hierbas con pequeñas escamas de oro de 23 quilates en suspensión[15]. Tanto es así que te resultará quizá sorprendente saber que el oro metálico está autorizado como aditivo alimentario por la Unión Europea, con el código E175. El colmo del lujo culinario es el helado Frozen Haute Chocolate, del restaurante neoyorquino Serendipity 3, que lleva como *topping* cinco gramos de oro comestible, también de 23 quilates, y que cuesta la friolera de 25 000 dólares, en parte porque la copa en la que se sirve el helado está asimismo recubierta de oro, el mismo metal del que está hecha la cuchara. Por otra parte, es preciso decir que esta extravagante moda no es para nada nueva, como demuestra la inveterada costumbre de los nobles del Renacimiento de impresionar a los invitados a sus banquetes con alimentos recubiertos de oro, muy particularmente en Venecia, donde era costumbre agasajar a los comensales con almendras así tratadas. Por desgracia, el oro no es un nutriente, de modo que echárselo a la comida resulta menos un alimento para el cuerpo que para el alma.

Por el contrario, algunas sales solubles de tan noble metal, tales como el cloruro de oro o el cianuro de oro y potasio, sí que resultan peligrosas. El primero puede dañar el hígado y los riñones, mientras que el segundo resulta tóxico sobre todo por el cianuro que contiene, aunque también su oro ionizado es perjudicial para la salud. Dado que el cianuro de oro y potasio se utiliza en galvanoplastia[16], de cuando en cuando, se producen algunos casos de envenenamiento agudo, aunque rara vez resultan letales. Si alguna vez te intoxicas con semejante sustancia, sin duda el médico te prescribirá como remedio un agente quelante,

---

15 Según la leyenda urbana, se cuenta que las escamas de oro de otro de estos licores, el holandés Gold Strike, hacen pequeños cortes en la garganta y el estómago para permitir que el alcohol se absorba más rápidamente y, así, uno se emborrache deprisa. Por supuesto, se trata de una tontería.

16 La «galvanoplastia» consiste en la deposición de unos metales sobre la superficie de otros empleando electricidad.

Pacientes con muestra de orina para el médico Constantino el Africano.

probablemente del tipo del dimercaprol[17]. Este medicamento se encarga de «secuestrar» el oro y hacer que se excrete sin causar mayores daños en el organismo.

La relativamente baja toxicidad del rey de los metales hace, por tanto, que también nos planteemos la cuestión opuesta: «¿Puede el oro emplearse como medicamento?». La sorprendente respuesta es que sí, y ello nos lleva a hablar de la «crisoterapia», el empleo del precioso metal para el tratamiento de algunas enfermedades. En realidad, el concepto no es nada nuevo, ya que la popularidad del oro a lo largo de los tiempos ha hecho que muchas personas se interesasen por su potencial como remedio, siempre mediante el procedimiento de probarlo, a ver qué pasaba. Dado que el oro metálico prácticamente no es tóxico, en la historia no se ha recogido ningún relato en el que, por culpa de su consumo, se hayan producido grandes problemas. Claro, que muy eficaz tampoco sería, aunque los galenos medievales, que lo consideraban el más perfecto y noble de los metales, estaban convencidos de que sí lo era. Por poner un ejemplo, en el siglo XI Constantino el Africano, un médico y monje cristiano árabe, escribía que «el oro tiene la propiedad de aliviar un estómago dañado y reconforta a los temerosos y a aquellos que sufren de dolencias del corazón», así como que «es eficaz contra la melancolía y la calvicie». Los «físicos» (así se llamaba a los médicos por aquel entonces) eran de la opinión de que el oro debía suministrarse en trozos diminutos, para que el cuerpo pudiese asimilarlos, siempre mezclados con extraños componentes. En este sentido, en el siglo X el cordobés Abulcasis enseñaba a obtener polvo de oro para uso terapéutico frotando una pieza grande del metal con un paño de lino y lavándolo a continuación en agua dulce. Esta costumbre perduró durante el Renacimiento, época de la cual nos han llegado varias recetas, una de las cuales es especialmente pintoresca. Dice así:

---

17   El dimercaprol ([RS]-2,3-Dimercaptopropanol) es, como el resto de los agentes quelantes, una sustancia que forma complejos con iones de metales pesados, los llamados «quelatos».

FRANCISCI ANTONII

PHILOSOPHI ET MEDICI
LONDINENSIS

PANACEA

AUREA

SIVE

Tractatus duo de ipsius

AURO POTABILI,

Nunc primum in Germania ex Londi-
nensi Exemplari excusi,
Operâ
M. B. F. B.

JACOBUS SERENISS. REX ANGL.

Numquid ego ANTONIUM puniam,
quia Deus illi benedixit.

HENR. NOLLIUS.

MEDICINAM UNIVERSALEM
negant multi, sed ij plerumq, id faciunt, qui
ipsam assequi non valent.

HAMBURGI

Ex Bibliopolio FROBENIANO.

ANNO cIↃ IↃ CXIIX.

Frontis de la obra *Panacea Aurea, sive tractatus duo de ipsius auro potabili.*

Toma las presentaciones de plata, cobre, hierro, plomo, acero, oro, calamina de plata y de oro, estoraque, de acuerdo con la actividad o inactividad del paciente. Ponlos en la orina de una niña virgen el primer día, el segundo día en vino blanco caliente, el tercer día en jugo de hinojo, el cuarto día en claras de huevo, el quinto día en la leche de una mujer que esté amamantando a una niña, el sexto día en vino tinto, el séptimo día en claras de huevo. Y ponlo todo en una retorta en forma de campana y destílalo a fuego lento. Y guarda el destilado en un recipiente de oro o plata.

Esta receta se empleaba contra la lepra, las manchas de la piel, las enfermedades oculares e incluso para prevenir el envejecimiento. Había otras en las que el oro se usaba para cauterizar las heridas, porque se consideraba que el metal contribuía a que la curación fuese más rápida[18]. Y, en general, a lo largo de toda la Edad Media, el agua con algo de oro en suspensión era considerada como un buen remedio para varias enfermedades. Incluso en una época tan tardía como el siglo XVII se publicaron libros como el *Panacea Aurea, sive tractatus duo de ipsius auro potabili,* del médico y alquimista Francis Anthony, o el *Treatise of Aurum Potabile,* del botánico inglés Nicholas Culpeper, dedicados a discutir cómo fabricar oro coloidal y cómo emplearlo para usos medicinales.

Sin embargo, aunque durante los siglos XVI y XVII el oro se siguió empleando en medicina, por ejemplo, para recubrir píldoras de medicamentos con la esperanza de enmascarar su mal olor o sabor, y más tarde en el tratamiento (sin éxito) de enfermedades como el asma, la lepra, la sífilis o la tuberculosis, a medida que la ciencia médica progresaba, la utilización de los metales preciosos en medicina decayó hasta prácticamente desaparecer. La excepción más conocida ha sido el empleo del oro en prótesis

---

18   Esta práctica no es del todo insensata, dado que hay metales, como el cobre, que resultan tóxicos para los microorganismos. Esta es la razón de que, durante mucho tiempo, estuviese extendido el uso de utillaje de cobre en las cocinas de las clases más pudientes.

En los siglos XIX y XX, los dientes y muelas de oro se volvieron muy comunes entre las clases acomodadas. De hecho, después de una batalla, una de las actividades favoritas de los saqueadores era abrir la boca de los cadáveres de los oficiales para arrancar estas valiosas piezas.

dentales, una práctica frecuente desde los tiempos de los etruscos[19]. Los dientes y las muelas de oro llegaron a ser muy habituales en los siglos xix y xx entre las clases acomodadas, hasta el punto de que, después de una batalla, una de las actividades favoritas de los saqueadores era abrir la boca de los cadáveres de los oficiales con objeto de arrancar las preciosas piezas dentales.

Hoy día, el empleo del oro en las prótesis de este tipo también ha caído en desuso, debido fundamentalmente a que hay alternativas más estéticas que resultan mucho más baratas[20]. Sin embargo, la crisoterapia ha resucitado de forma modesta pero eficaz, de la mano de medicamentos contra la artritis reumatoide, la malaria, el sida, el lupus o la enfermedad de Chagas. En los últimos años, además, ha despertado interés la utilización potencial del rey de los metales en forma de nanopartículas para la detección y tratamiento del cáncer ya que, en teoría, aquellas podrían calentarse lo suficiente como para destruir las células cancerosas. Sin embargo, esta prometedora aplicación requiere encontrar un revestimiento adecuado que permita la asimilación correcta del medicamento, por lo que su empleo en la práctica aún se demorará un tiempo.[21] Como puedes ver, a fin de cuentas, tal vez los médicos de la Edad Media no anduviesen tan desencaminados. En cualquier caso, y mientras llegan nuevas noticias al respecto, confórmate con disfrutar de los cerca de 0,2 miligramos de oro que de forma permanente contiene tu cuerpo, la mayor parte en la sangre. En el fondo, puede que esa sea la verdadera razón de nuestro apetito por el oro. Después de todo, el metal prodigioso también forma parte de nosotros.

---

19 Ya desde el siglo vii antes de nuestra era, los etruscos fabricaban prótesis dentales en las que se usaba alambre de oro para fijar en su lugar dientes de animales tallados para remedar los dientes humanos.

20 Por curioso que pueda parecer, la utilización del oro para construir prótesis es una práctica antiquísima que va mucho más allá de las prótesis dentales. En el Museo Oro del Perú, por ejemplo, se conserva un cráneo al que, con una maestría impresionante, le fue implantada una lámina de oro para repararlo. ¡El paciente sobrevivió a la operación, como atestigua la regeneración experimentada por el tejido circundante!

21 Al margen de todo ello, el metal rey tiene importantes aplicaciones en investigación y diagnóstico; por ejemplo, las partículas coloidales de oro pueden ligarse a anticuerpos específicos que detectan la presencia y posición de determinados antígenos en la superficie de las células.

ASH'S
GOLD FOILS, PELLETS,
AND
CYLINDERS.

Special attention is called to our Foils, Pellets, and Cylinders, in the firm belief that they are all that can be desired for Gold Filling. They are unsurpassed for purity and softness, and, by our present method of preparing them, we can guarantee uniformity of thickness and quality. We feel so sure that a trial will not only give satisfaction, but will also prove them worthy of continued use, that we have the fullest confidence in recommending them.

Claudius Ash, Sons & Co., Limited.

Ash's Imperial Gold Foil.

Imperial Foil is manufactured from a specially prepared Precipitate of Pure Gold, and is perfectly Non-Cohesive. Being very soft it lends itself to the closest packing. It can be rendered Cohesive by annealing before use.

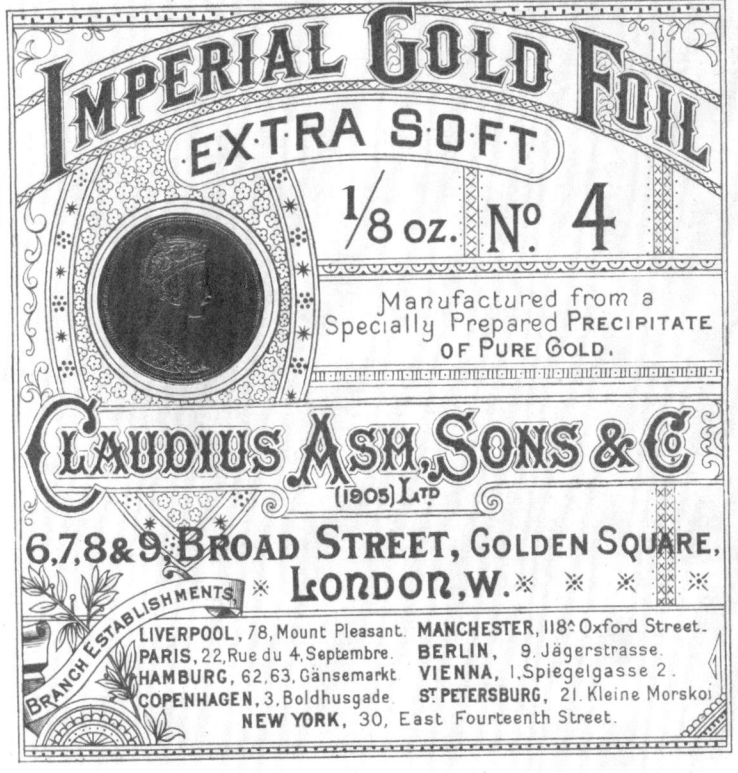

Nos. 4, 5, 6, 8. . . . . per ⅛ oz. 16 6

,,   ,, ... per oz. 128 0

Higher numbers supplied to order.

Catálogo de metales para empastes dentales, 1908.

Desde las estrellas, con amor

El origen último del oro ha sido, durante mucho tiempo, un misterio difícil de resolver. Ya hemos dicho que en el Universo hay
92 elementos químicos naturales, cada uno de los cuales se caracteriza por tener un número de protones diferente en el núcleo de
sus átomos —entre uno y noventa y dos—. Los núcleos contienen además otras partículas, los neutrones, pero estos no defi-
nen al elemento. Los neutrones no tienen carga eléctrica, pero
los protones sí, lo que hace que juntarlos dentro del núcleo sea
complicado, debido a la repulsión electromagnética que experimentan entre ellos, ya que todos tienen carga positiva. Como te
puedes figurar, cuantos más protones haya, más complicado es
montar el núcleo o, dicho de otra manera, más energía hace falta
para vencer la mencionada repulsión y acercarlos lo suficiente
como para que una fuerza de la naturaleza diferente, la «interacción fuerte»[22], haga su trabajo y los mantenga firmemente
unidos. Debido al enorme tamaño del átomo de nuestro regio
elemento —nada menos que 79 protones y 118 neutrones para
el único isótopo estable—, pronto se hizo evidente que la energía necesaria para producirlo solo podía darse de forma natural
en eventos cósmicos de naturaleza cataclísmica. De hecho, tradicionalmente se venía considerando que los núcleos de todos
los átomos de un tamaño comparable al del oro se formaban

---

22   La «interacción fuerte» es una de las cuatro fuerzas fundamentales de la naturaleza
(la «interacción electromagnética» es otra) y es responsable del mantenimiento de la
cohesión de los núcleos atómicos. Dado que su intensidad decrece rápidamente con la
distancia, es necesario acercar las partículas lo suficiente para que entre en acción.

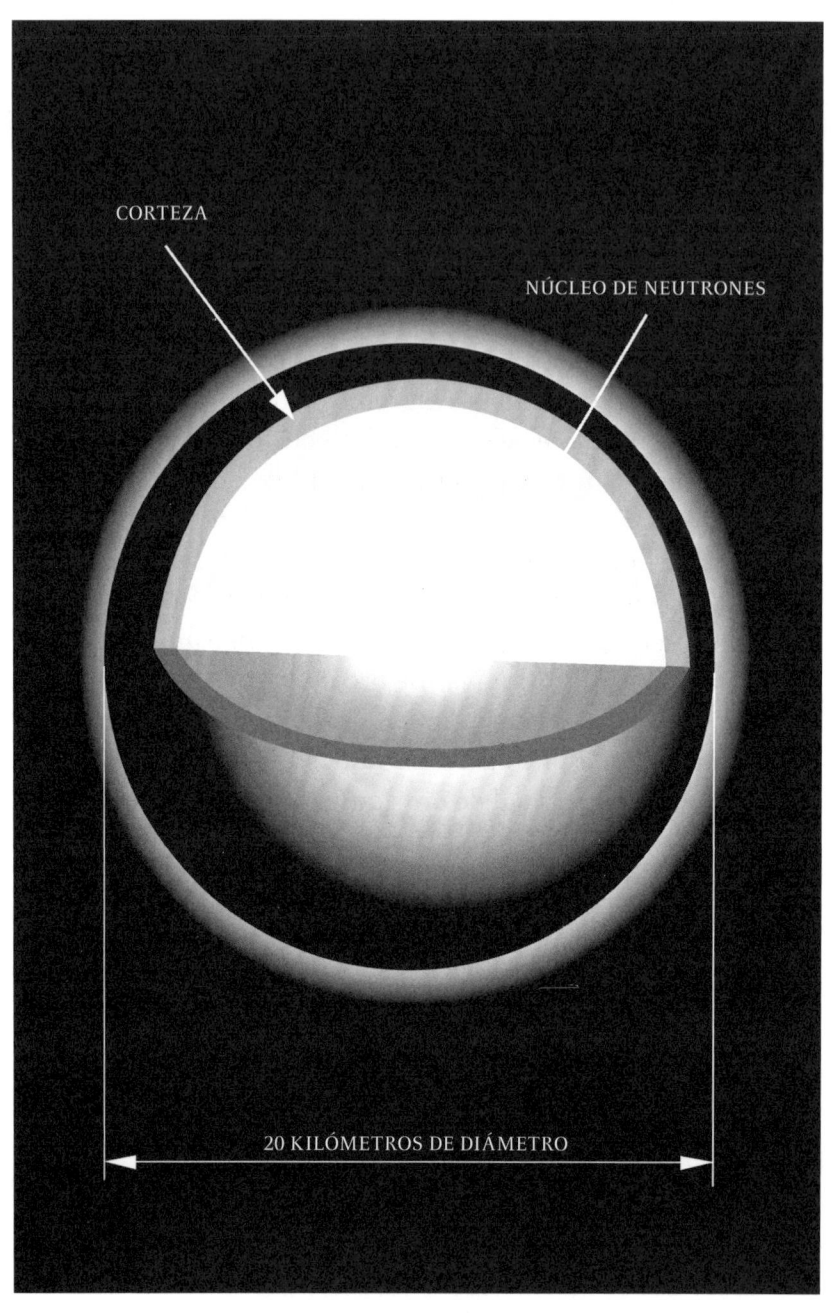

CORTEZA

NÚCLEO DE NEUTRONES

20 KILÓMETROS DE DIÁMETRO

Estructura de una estrella de neutrones.

por nucleosíntesis, a través de un proceso conocido como «captura de neutrones rápidos»[23], básicamente en las explosiones de supernovas. Como es sabido, estas explosiones tienen lugar durante las últimas fases de la evolución de estrellas masivas que han consumido todo su «combustible» nuclear y se desestabilizan[24], o cuando algunas estrellas más pequeñas emprenden una fusión nuclear fuera de control.

Sin embargo, más recientemente se ha sugerido que la mayor parte del oro, así como de otros elementos con átomos de dimensión comparable, se produce en eventos todavía más raros y violentos si cabe, como es el caso de las colisiones entre estrellas de neutrones[25], un tipo de suceso en el que dos de estas estrellas giran la una alrededor de la otra casi a la velocidad de la luz, hasta que terminan chocando con un despliegue de energía inimaginable. Aunque ya existían indicios de ello, la prueba definitiva llegó en agosto de 2017, cuando los instrumentos detectaron cantidades significativas de oro en un evento de este tipo, etiquetado como GW170817. Actualmente, los modelos astrofísicos sugieren que esta colisión entre dos estrellas de neutrones ha generado una cantidad de oro equivalente a ¡entre dos y cien veces el tamaño de la Tierra! Una producción tan descomunal, combinada con la frecuencia estimada de este tipo de eventos cósmicos, parece dar buena cuenta de casi todo el oro presente en el Universo. Con el tiempo, el oro producido en esas infrecuentes catástrofes —como veis, la destrucción y la creación están siempre íntimamente relacionadas— se ha ido desparramando por todo el espacio, al igual que ha sucedido con muchos

---

23   Como su propio nombre indica, se trata de que el núcleo atómico capture un neutrón detrás de otro con demasiada rapidez como para que le dé tiempo a desintegrarse. Obviamente, esto requiere de un lugar en el que haya una gran concentración de neutrones libres.

24   En estas últimas fases de la evolución estelar, la fusión nuclear se va ralentizando, hasta que la energía que se produce no puede contrarrestar la enorme presión que ejerce la gravedad de las gigantescas estrellas. Entonces, y como resultado de los complejos procesos que se producen en su interior, explotan.

25   Las estrellas de neutrones son uno de los posibles productos de las supernovas —el otro son los agujeros negros—. Como su propio nombre indica, una estrella de neutrones está compuesta principalmente por este tipo de partículas, y su densidad es tan elevada que puede contener la masa de un avión comercial de gran tamaño en el equivalente a un grano de arena.

Pinos Altos, Nuevo México. Buscando oro. Los objetos brillantes probablemente no sean de oro, ya que es muy raro encontrar piezas de este tamaño en esta zona. Probablemente sean mica (el oro de los tontos) o mercurio, que se utiliza para atraer el oro. Lee, Russell, mayo de 1940.

otros elementos pesados. Y, a medida que se han ido formando nebulosas planetarias, parte de ese elemento se ha ido incorporando a los recién nacidos planetas. Esta es la razón de que, en la Tierra, la mayor parte del oro no se encuentre en la superficie, sino en el núcleo, que es donde fue a parar cuando se creó el sistema solar hace cuatro mil quinientos millones de años[26]. Por supuesto, el oro está allí fundido y mezclado con otros metales a unos seis mil grados centígrados, pero, dado que hay unos mil quinientos billones (con «b») de toneladas, ¡daría para pavimentar nuestro mundo con una capa de metal precioso de unos cuarenta centímetros de altura! Por suerte o por desgracia, no tenemos forma de acceder a esas enormes reservas, por lo que habremos de contentarnos con el oro que, de cuando en cuando, sale de las profundidades del manto terrestre impulsado por la actividad volcánica y por los terremotos, así como con el que ha ido incorporándose a la superficie como consecuencia de la caída de asteroides, sobre todo durante el intenso bombardeo que se produjo en las primeras etapas de la formación del planeta. En muchas ocasiones, incluso, la importancia de los asteroides no ha sido tanto por el oro que aportaban, sino porque a raíz de su impacto las rocas auríferas se han desplazado hasta la superficie[27].

¿Dónde podemos encontrar este oro razonablemente accesible? La mayor parte del que podemos hallar en las minas se encuentra mezclado con su pariente, la plata, pero en este caso no se trata del célebre oro blanco, sino de una aleación que contiene entre un 8 y un 10 % de plata, menos de la mitad de lo habitual en el electro. Además, muchas veces el oro se encuentra en forma de trozos muy pequeños incrustados en la roca, junto con minerales como el cuarzo. Otros minerales, como la pirita, tienen un aspecto con un cierto parecido a aquellos que contienen partículas del noble metal, cosa que puede llevar a confu-

---

26 Debido a su gran densidad con respecto a otros materiales, los metales tienden a acumularse en el centro de los planetoides por causa de la atracción gravitatoria.

27 Se cree que este ha sido el caso en el área rocosa de Witwatersrand, en Sudáfrica, una zona de la que durante los últimos siglos probablemente se haya sacado casi la cuarta parte de todo el oro que actualmente circula por el planeta.

sión a los no versados en la materia y, por eso, se conoce a la pirita como el «oro de los tontos»[28]. En raras ocasiones podemos encontrar el oro en aleación con el cobre, el plomo o en amalgama de mercurio, así como combinado con arsénico, bismuto y, sobre todo, telurio, un primo del azufre. Uno de los minerales más comunes de telurio y oro es la calaverita (¡vaya nombre!), a la que haremos referencia más adelante, y que debe su denominación a haber sido identificado por primera vez en el condado de Calaveras, en California, allá por 1861.

Al margen de ello, el oro nativo también se encuentra libre como un pájaro, a menudo en forma de pequeños trozos o de pepitas desperdigadas a lo largo del lecho de algunos ríos, un caso prácticamente único dentro del reino de los metales. De hecho, la imagen del buscador de oro agachado con su sombrero y su larga barba junto a la ribera de algún arroyo, en busca de su ansiado botín de pepitas, es quizá la más emblemática de todas las que nos vienen a la mente cuando escuchamos relatos acerca de las famosas «fiebres del oro», de las que luego hablaremos. Estas pepitas que se pueden encontrar aquí y allá se han desprendido previamente de las rocas para terminar en depósitos aluviales. De igual manera, también pueden encontrarse rastros de oro en zonas donde recientemente se hayan producido terremotos ya que, como hemos dicho, estos movimientos de la corteza terrestre hacen aflorar, de cuando en cuando, rocas y minerales procedentes del manto.

Por lo demás, también hay muchísimo oro en los océanos. La posible extracción del metal que pudiese encontrarse en suspensión en el agua del mar comenzó a ser vista como potencialmente viable a finales del siglo XIX, aunque los intentos más famosos resultaron ser auténticas estafas. Por el contrario, una investigación más seria fue llevada a cabo por el brillante y controvertido químico alemán Fritz Haber (1868-1934), el llamado «padre de la guerra química». Haber había ganado el Nobel por la

---

28 Algunos trozos de pirita, de color amarillo latón y brillo metálico, tienen de hecho un parecido tan llamativo con el oro que muchas personas han sido embaucadas a lo largo de la historia con este humilde mineral hecho de sulfuro de hierro.

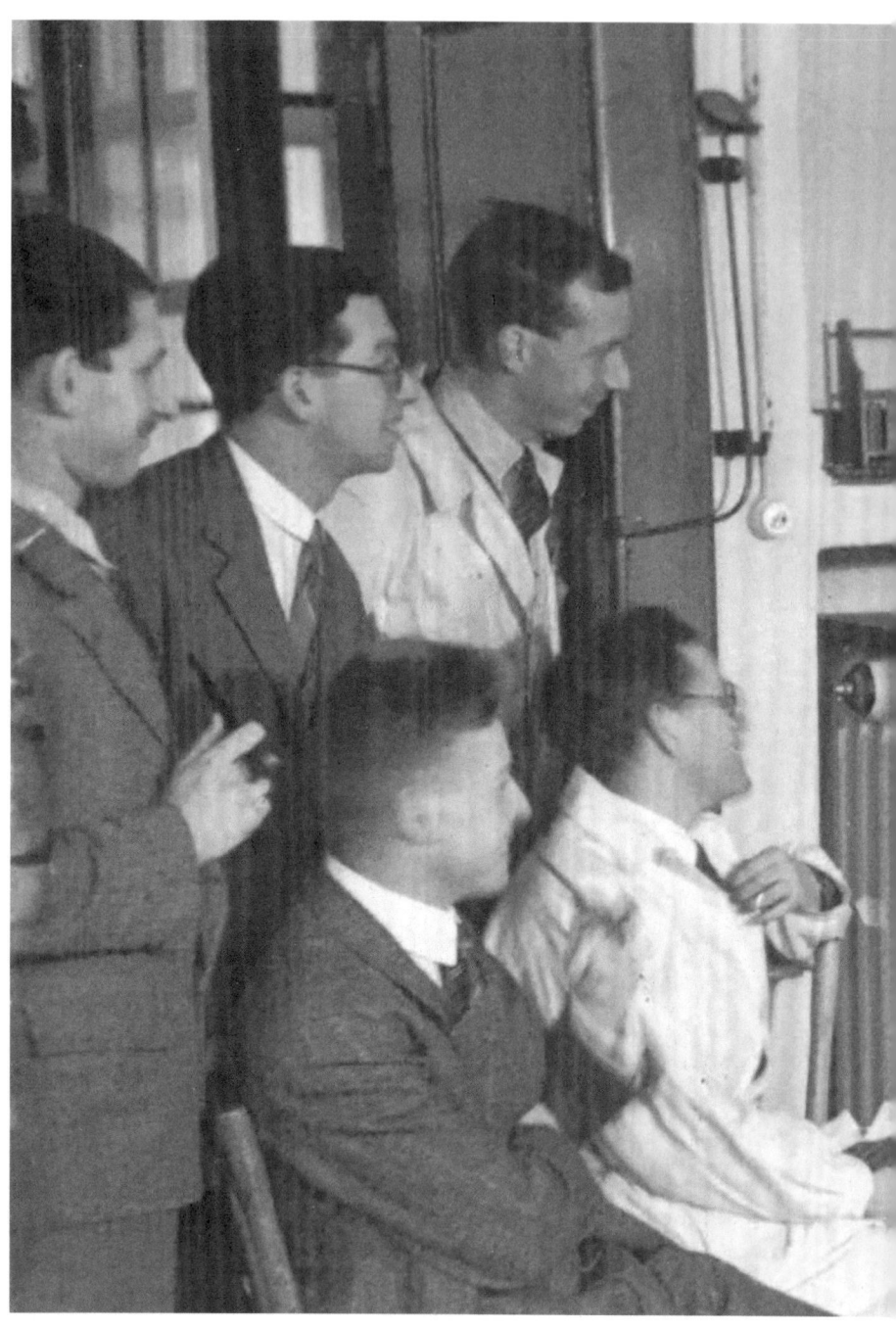

Fritz Haber fue un destacado químico, nacido el 9 de diciembre de 1868 en Breslau, Prusia (actualmente Wrocław, Polonia), y fallecido el 29 de enero de 1934 en Basilea, Suiza. Fue galardonado con el Premio Nobel de Química en 1918 por su contribución fundamental en el desarrollo de la síntesis del amoníaco, un proceso vital para la producción de fertilizantes en

la industria química. Junto con Max Born, propuso el ciclo de Born-Haber como un método para evaluar la energía reticular de un sólido iónico. Sin embargo, también es conocido por su papel en el desarrollo y despliegue de gases venenosos, como el gas dicloro, durante la Primera Guerra Mundial, lo que le ha valido el título de «padre de la guerra química».

Fritz Haber con el uniforme reglamentario y algunas de sus condecoraciones.

invención del célebre proceso Haber-Bosch, un método de fabricar amoniaco que está detrás de casi toda la moderna producción de fertilizantes y que es indirectamente responsable de la explosión demográfica del siglo XX. Sin embargo, también había protagonizado la creación de aterradoras sustancias que habían llevado la muerte y la desolación a las trincheras de la Primera Guerra Mundial, razón por la cual se había convertido casi en un apestado entre la mayoría de sus colegas. Obsesionado con ayudar a Alemania a pagar las indemnizaciones a las que la obligaba el Tratado de Versalles, Haber realizó miles de análisis con muestras de agua de mar, hasta que la escasa cantidad de oro detectada le hizo abandonar el proyecto. Terminó sus días solo y amargado, aunque por suerte para él no llegó a ver cómo los nazis asesinaban a parte de su familia en los campos de concentración utilizando el tristemente célebre Zyklon B, un mortífero derivado de otro de los simpáticos gases desarrollados por su equipo años atrás.

En realidad, en los océanos terrestres hay en la actualidad unos veinte millones de toneladas de oro en suspensión, una cifra más de cien veces superior a la de todo el oro extraído hasta la fecha y que, obviamente, resultaría muy atractiva de no ser porque, en términos de concentración, eso significa aproximadamente un gramo de oro por cada ¡setenta mil toneladas de agua! Tal como tuvo la ocasión de comprobar el bueno de Haber, semejante proporción es demasiado baja como para que la extracción del precioso metal a partir del océano resulte económicamente viable, así que espero no verte en la playa tratando en vano de hacerte millonario o millonaria de la noche a la mañana.

Pero, volviendo a las minas, las que hay en la actualidad se encuentran en lugares muy diferentes de aquellos que constan en los viejos registros históricos. De hecho, casi todas las explotaciones que han jalonado la historia de la humanidad hace mucho tiempo que se agotaron. Uno de los testigos más evidentes de ello es el impresionante paisaje de Las Médulas, una antigua explotación minera romana situada en la comarca de El Bierzo, en la provincia española de León, que llegó a ser la mayor mina de oro

Mina en Las Médulas, León.

a cielo abierto de todo el Imperio romano. En honor a la verdad, el yacimiento no está agotado del todo, pero lo que resta no tiene nada que ver con la extraordinaria cantidad de oro extraída a lo largo de casi tres siglos (entre el I a. C. y el III d. C.), sobre todo si tenemos en cuenta que, según Plinio el Viejo, Asturias, Galicia y Lusitania daban cada año 20 000 libras de oro (¡unas cinco toneladas y media!), de las que Asturias producía la mayor parte. En Las Médulas, los romanos usaban, entre otros, el asombroso sistema llamado *ruina montium.* En este procedimiento, el agua de los riachuelos de montaña era canalizado y embalsado en la parte más elevada de la explotación. Al mismo tiempo, se excavaba en la montaña toda una red de galerías de pendiente muy pronunciada que no tenían salida. Entonces, los romanos soltaban de golpe toda el agua del embalse que, al llegar a gran velocidad al fondo de las galerías, comprimía el aire, generando una presión sobre la roca que destrozaba la montaña y arrastraba la arena y los escombros que contenían el oro hasta los lugares en los que se lavaba; algo así como la dinamita del siglo I.

El sistema hidráulico para transportar el agua era realmente impresionante, con canales y túneles que se extendían (y todavía se extienden) por cientos de kilómetros[29]. Por supuesto, con el tiempo, los métodos de extracción de los metales preciosos fueron evolucionando. Históricamente, uno de los sistemas más célebres fue el que los españoles utilizaron para extraer la mayor parte de la plata en América, el llamado «beneficio del patio», un procedimiento que llegó a tiempo de salvar al emperador Carlos de una catástrofe económica, al menos parcialmente. En efecto, hacia mediados del siglo XVI, la extracción de plata en el virreinato de Nueva España estaba literalmente en las últimas, ya que las mejores explotaciones estaban agotadas y muchas de las menas disponibles presentaban una ley muy escasa. El suministro de plata hacia la metrópoli comenzaba a verse seria-

---

29 Además de Las Médulas, otros muchos yacimientos, antaño extraordinariamente ricos, han quedado esquilmados por completo. Es el caso de muchas antiguas zonas auríferas del desierto occidental de Egipto, así como de la antigua Nubia, de donde los faraones estuvieron sacando oro durante siglos.

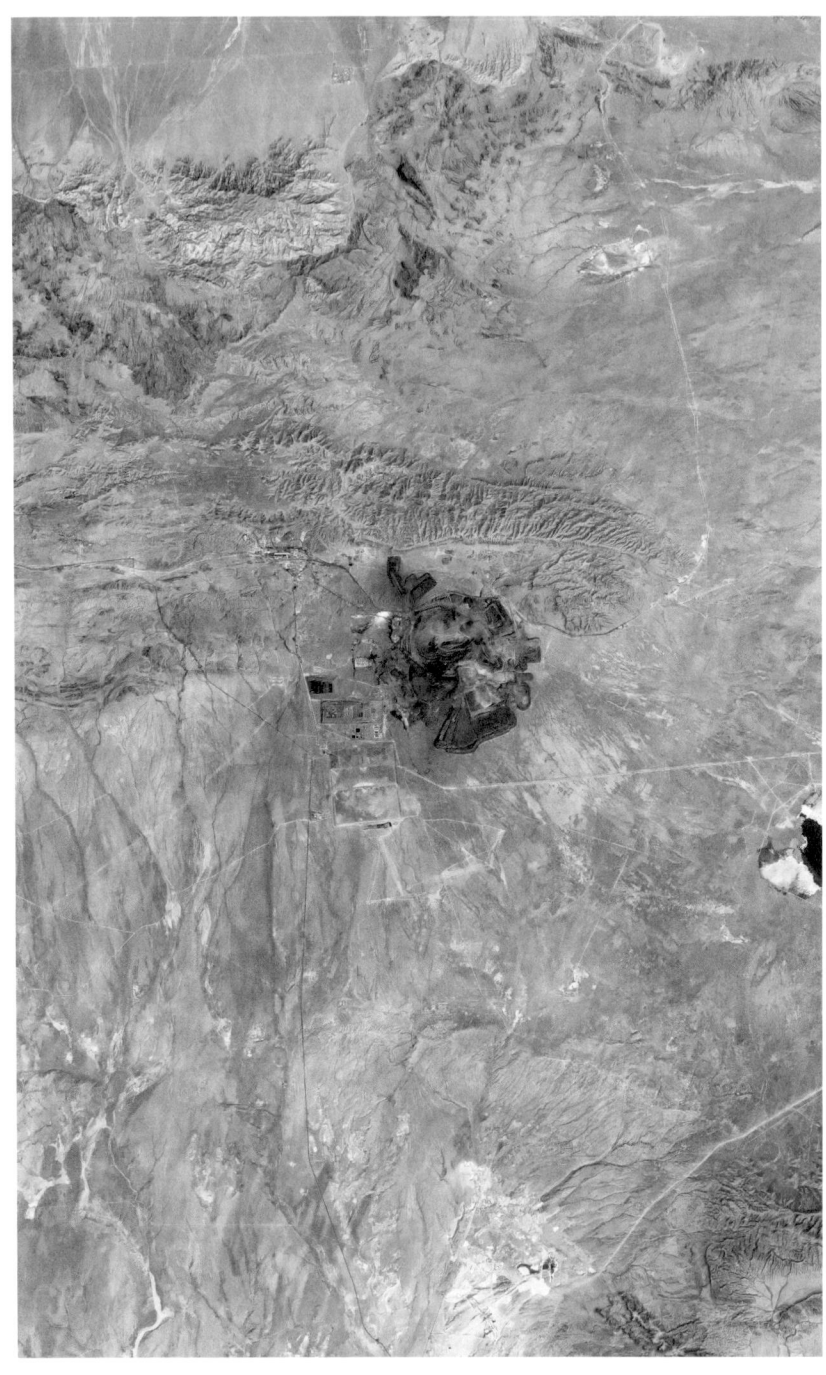

Imagen satelital de la mina Muruntau, en Uzbekistán [NASA].

mente afectado, poniendo contra las cuerdas al emperador, siempre sediento de los metales preciosos que le permitían financiar sus interminables guerras europeas. Por suerte para él, el comerciante sevillano Bartolomé de Medina fue capaz de dar con un nuevo método de extracción, consistente en mezclar el mineral de plata pulverizado con salmuera y mercurio en grandes patios con ayuda de caballos y otros animales, de ahí el nombre del procedimiento. Después, la amalgama resultante se calentaba en hornos para separar el mercurio de la plata. El sistema resultó tan eficaz que la producción de plata en las colonias se multiplicó por 15, para alivio del atribulado Carlos[30]. De hecho, y a pesar de lo insalubre del procedimiento —recordemos que el mercurio es tóxico—, el «beneficio del patio» se ha perpetuado hasta nuestros días, siendo habitualmente utilizado en la Amazonia.

Como vemos, muchos de los depósitos históricamente relevantes se han agotado o casi, y los procedimientos para sacar los metales preciosos de las minas han cambiado mucho. Entonces, y dado que sigue obteniéndose oro a gran escala, de hecho más que nunca con anterioridad, ¿cuáles son los lugares de donde se extrae ahora mismo y qué métodos se utilizan? La región de la que se está extrayendo una mayor cantidad de oro en el momento en que se escribe este libro es el estado norteamericano de Nevada, de cuyas minas se obtiene casi el 3 % del total de la producción mundial, que en 2021 era de unas tres mil toneladas. La medalla de plata es para la mina Muruntau, en Uzbekistán, y la de bronce para la Grasberg, en la provincia de Papúa, en Indonesia, uno de los depósitos más grandes jamás localizados a lo largo de la historia.

Hay otras minas importantes en Australia, Canadá, la República Democrática del Congo, Rusia, la República Dominicana y Papúa Nueva Guinea[31]. Entre las principales empresas extractoras se

---

30   A pesar de ello, la acumulación de deudas hizo que el sucesor de Carlos, Felipe II, hubiese de declarar al Estado en bancarrota un año después de llegar al trono.

31   Aunque no la más grande, es de mencionar la mina Mponeng, en Sudáfrica, que, alcanzando los cuatro kilómetros de profundidad, ostenta el récord de ser la más profunda del mundo, además de una de las más peligrosas. Sujeta a frecuentes

cuentan la multinacional canadiense Barrick, la estadounidense Newmont y la sudafricana AngloGold Ashanti.

Una cuestión interesante es la existencia de una buena cantidad de metal precioso que se extrae en pequeñas explotaciones y circula de contrabando, básicamente en África. Se calcula que hay en el mundo entre diez y treinta millones de mineros a pequeña escala, más de un millón de los cuales trabaja en la República Democrática del Congo. El nivel de contrabando es elevado, especialmente en países como Ghana, Tanzania, Zambia o Sierra Leona, donde se calcula que se trafica con varios cientos de toneladas de oro al año, por valor de miles de millones de dólares. La mayor parte de este tráfico se dirige hacia Oriente Medio, donde sirve de base para la posterior distribución del metal a la India, China, Estados Unidos o Europa. Solamente en 2016, la importación de oro en Emiratos Árabes Unidos desde África rozó las cuatrocientas cincuenta toneladas, ¡a pesar de que según las grandes compañías mineras que operan en el continente negro no se exportó nada a la federación de emiratos!

La extracción de oro no ha parado de acelerarse en los últimos tiempos, hasta el punto de que se ha pasado de las pocas decenas de toneladas que se extraían anualmente en la década de los ochenta del siglo XIX a las más de dos mil quinientas en la actualidad. Por países, Sudáfrica ha sido de lejos el mayor productor durante mucho tiempo, pero ya ha dejado de serlo. Ahora mismo[32], se encuentra en un discreto puesto duodécimo, superado ampliamente por China, Australia y Rusia, que ocupan respectivamente los tres primeros puestos y, en conjunto, producen 1000 toneladas al año. España, claro está, no aparece en la lista, a pesar de que en época romana era, como ya hemos visto, uno de los mayores productores del mundo. Por otra parte,

---

desprendimientos, la temperatura en su interior llega a alcanzar los 70 grados centígrados, siendo necesario bombear hielo para enfriar el aire.

32 Los datos son de 2020. Tan importante ha sido el suministro de oro sudafricano a lo largo del siglo XX que se estima que casi una cuarta parte de todo el metal precioso que circula por el planeta procede de minas situadas en ese país. El punto culminante del dominio del gran país africano tuvo lugar en 1970, cuando casi el 80 % de la totalidad de la producción mundial de oro venía de allí.

bien podría volver a ser relevante, en caso de confirmarse la presencia en las lagunas de Salave[33], en el concejo asturiano de Tapia de Casariego, del yacimiento de oro más grande de Europa, estimado en unas treinta toneladas. En cuanto a otras reservas ya identificadas, se sabe que las mayores se encuentran en Australia, rondando las diez mil toneladas, seguidas por las de Rusia, Estados Unidos, Perú y Sudáfrica, con un estimado de unas dieciséis mil entre estos cuatro países. El Servicio Geológico de Estados Unidos estima que quedan por extraer unas cincuenta mil toneladas de oro de las reservas mundiales conocidas, lo cual significa que, en caso de no encontrarse más, dentro de unas décadas, el precio del fascinante metal podría dispararse hasta extremos insospechados. Aunque, como ya hemos dicho, se estima que casi la cuarta parte de la producción planetaria de oro tiene lugar a pequeña escala, de forma incluso artesanal, lo cierto es que las grandes explotaciones dominan el panorama, dado que, desde el punto de vista económico, la extracción sale evidentemente mejor a partir de grandes depósitos de relativamente fácil acceso. Así, aunque todos tenemos en la retina la familiar imagen del buscador de oro arrodillado en el lecho de un río con una pequeña batea, lo cierto es que casi nadie recoge el metal precioso ya de esta forma. Por otra parte, aunque mucha gente no es consciente de ello, en la mayoría de las minas que resultan rentables, el oro no se aprecia a simple vista, ya que hace falta una concentración bastante alta para poder verlo.

En la actualidad, la principal técnica de extracción es el tratamiento de la roca, con una disolución del más que tóxico cianuro de sodio, un reactivo del que se producen anualmente cientos de miles de toneladas básicamente con el propósito de sacar el oro de su sitio. En el proceso de lixiviación, consistente en el tratamiento de la roca pulverizada con la disolución, el oro reacciona con el cianuro formando una sal, el dicianoaurato de sodio, que después se recupera por absorción en carbón acti-

---

33   De hecho, las mencionadas lagunas son cavidades dejadas también en su día por los romanos, que anduvieron trasteando por la zona.

vado. Como te puedes figurar, la toxicidad del cianuro hace que este proceso no esté exento de controversia y, de hecho, está prohibido en algunos países. En donde no lo está, se adoptan medidas de seguridad para prevenir derrames que pueden resultar devastadores para el medio ambiente, por lo general a base de transformar lo antes posible el letal cianuro en el mucho menos tóxico cianato. Aun así, de vez en cuando, se producen incidentes muy serios, como el derrame de aguas residuales contaminadas que tuvo lugar en el año 2000 cerca de Baia Mare, en Rumanía, un incidente que dañó gravemente los sistemas fluviales de Rumanía, Hungría y Yugoslavia, siendo calificado como el peor desastre ambiental acaecido en Europa desde el de la central nuclear de Chernóbil. Al margen del cianuro, es también muy preocupante el empleo sistemático de mercurio para extraer el oro, algo extremadamente frecuente en infinidad de pequeñas explotaciones de subsistencia desperdigadas por todo el continente africano, así como por algunas zonas de Asia y de Sudamérica. En estos lugares, muchas personas, sobre todo niños pequeños, desarrollan trastornos neurológicos graves y permanentes causados por el envenenamiento por metilmercurio[34]. Hasta la fecha, la legislación internacional (Convenio de Minamata) apenas ha conseguido frenar el comercio indiscriminado del metal líquido con destino a estas explotaciones, debido a su carácter lucrativo.

Una vez extraído el oro, el preciado metal es refinado mediante procesos industriales inventados a finales del siglo XIX, notablemente el proceso Miller y el proceso Wohlwill, que dan como resultado oro con un nivel de pureza del 99,5 % en el primer caso y del 99,9 % en el segundo[35]. A menor escala, y

---

34   El «metilmercurio» es un compuesto orgánico que se acumula en las cadenas alimentarias de los organismos. Es responsable de la tristemente célebre enfermedad de Minamata, que lleva el nombre de la bahía japonesa en la que se detectó el primer brote serio, allá por los años cincuenta del siglo pasado. Caracterizada por alteraciones sensoriales, debilidad y ataxia, en casos extremos puede producir la muerte.

35   Actualmente es mucho más utilizado el proceso Miller porque, a pesar de que se obtiene un grado de pureza algo menor, es menos complicado, ya que se basa en refinar el oro mediante cloración. En cambio, en el Wohlwill se emplea la electrólisis, y se aplica solo a pequeña escala.

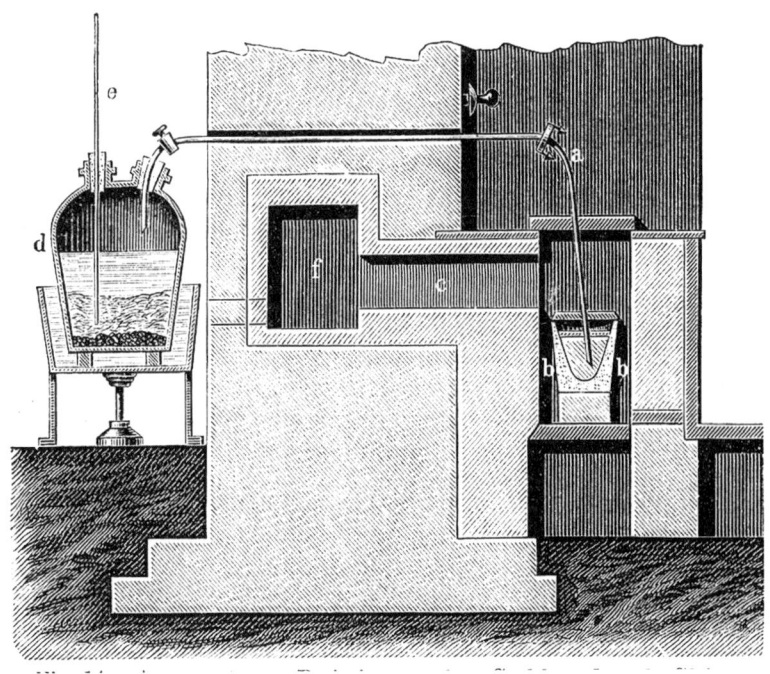

Esquema del proceso de extracción Miller, patentado por Francis Bowyer Miller en 1867.

siempre que hablemos de cantidades pequeñas, aún se sigue utilizando en muchos lugares el tradicional proceso de copelación, conocido por la humanidad desde los orígenes de la metalurgia, y que consiste en calentar el metal a alta temperatura para separarlo de las impurezas o de otros metales, aprovechando la buena costumbre del oro de no reaccionar químicamente con casi nadie[36]. También hay que tener en cuenta que casi un tercio del oro que circula por el planeta es metal reciclado, algo bastante conveniente desde el punto de vista ambiental si tenemos en cuenta que reciclar un kilo de oro emite a la atmósfera tan solo 53 kilos de dióxido de carbono, frente a las ¡16 toneladas! que se emiten al extraerlo de una mina. En cualquier caso, los

---

36 Durante la Edad Media y el Renacimiento, la copelación fue el procedimiento habitual para refinar metales preciosos, y lo siguió siendo prácticamente en todas partes hasta bien entrado el siglo xix.

mayores consumidores del metal precioso son la India y China, que compran en conjunto más de la mitad de la producción anual mundial. Pero ¿cuánto oro hemos extraído desde el principio de los tiempos? Esta es otra de esas preguntas difíciles de contestar. De hecho, las estimaciones varían entre algo más de ciento cincuenta mil toneladas y más de dos millones y media. Dicho de otro modo, en unas fuentes se asegura que, desde la Antigüedad, se ha extraído el equivalente al volumen de una cancha de tenis de unos diez metros de altura, mientras que en otras se hablan del equivalente al de un campo de fútbol de casi

Imagen estereoscópica que muestra un operario fabricando de lingotes de oro, 1915.

ciento cincuenta. Como ven, la diferencia es muy considerable y refleja, entre otras cosas, la certeza de que hay mucho oro escondido y no tenemos ni idea de dónde está. No obstante, es probable que la cantidad real esté mucho más cerca de la primera cifra que de la segunda, con cerca del 75 % del metal habiendo sido extraído a partir de 1910 y alrededor de dos tercios a partir de 1950. Si esto te parece mucho, piensa que el mundo produce la misma cantidad de acero en tan solo una hora.

Con respecto a la actualidad, los principales tenedores son los bancos centrales, el Fondo Monetario Internacional y los inversores privados que operan a través de fondos cotizados, que son propietarios de alrededor de la cuarta parte de todo el oro que hay. En cuanto a los primeros, el que más guarda de lejos es el Departamento del Tesoro de Estados Unidos[37], que tiene el 25 % de la reserva bancaria total —unos quinientos cuarenta mil lingotes— propiedad de numerosos gobiernos, seguida de los bancos de países como Alemania, Francia, Italia, Rusia o China. El Banco de España, por su parte, disfruta de un discreto puesto 19, con 283 toneladas de metal precioso. Guardado en su mayoría en la famosa Cámara de Oro de la sede del banco en Madrid a unos treinta y cinco metros de profundidad, el oro español está protegido por 1000 metros cuadrados de muros de hormigón y varias puertas acorazadas, la primera de las cuales pesa 16 toneladas[38].

En cuanto al oro guardado por particulares (casi la mitad de todo el *stock* de oro que existe en el mundo está en forma de joyas), la mayoría se encuentra en la India, el país que más metal precioso consume, con mucha diferencia. De hecho, se estima que, en su conjunto, las mujeres hindúes acumulan ellas solas unas dieciocho mil toneladas de oro puro, con un precio de mercado de un billón (con b) de dólares en enero de 2023. Si el valor ornamental del oro es importante en todas partes, en la India resulta imprescindible, hasta el punto de que a ninguna chica se le ocurre casarse si no va bien surtida de una buena dosis del rey de los metales.

---

37   Aproximadamente la mitad del oro estadounidense (unas cuatro mil toneladas) se encuentra encerrado en Fort Knox, la legendaria instalación de cemento y acero en medio de una base militar en el estado de Kentucky que ha protagonizado innumerables películas y novelas de acción, todas ellas relacionadas, cómo no, con potenciales intentos de robar al menos parte del inmenso tesoro que contiene. De entre todas ellas, la más recordada es quizá Goldfinger, la película de la saga James Bond de 1964.

38   Al igual que en el caso de Fort Knox, los intentos de robar el oro del Banco de España han sido el argumento de muchas obras de ficción, entre ellas la famosa serie *La casa de papel* (2017-2021). Sin embargo, no todo el oro español se guarda en la famosa cámara acorazada, ya que parte de él está custodiado en Suiza y en Estados Unidos.

Novios durante una ceremonia de boda en India [Shashank Agarwal].

En cualquier caso, y dada la dificultad de que se combine con otros elementos, sabemos que casi todo el metal precioso obtenido por la humanidad sigue aquí entre nosotros. Ha podido ser fundido y mezclado innumerables veces, pero permanece básicamente inalterado, de manera que si, por ejemplo, llevas en el dedo una alianza, el oro que contiene puede haber estado antes perfectamente en la tumba de un faraón egipcio o ser parte del tesoro que Pizarro le quitó a Atahualpa[39]. No me negarás que eso sin duda le daría pedigrí.

---

39 Según la tradición, cuando en 1532 el conquistador español encarceló al soberano inca, este ofreció, a cambio de ser liberado, llenar la habitación en la que estaba preso dos veces, una con oro y otra con plata, para lo que sus súbditos reunieron 84 y 164 toneladas de metales preciosos, respectivamente. Por desgracia para Atahualpa, el rescate más caro de la historia no sirvió en absoluto para impedir su ejecución.

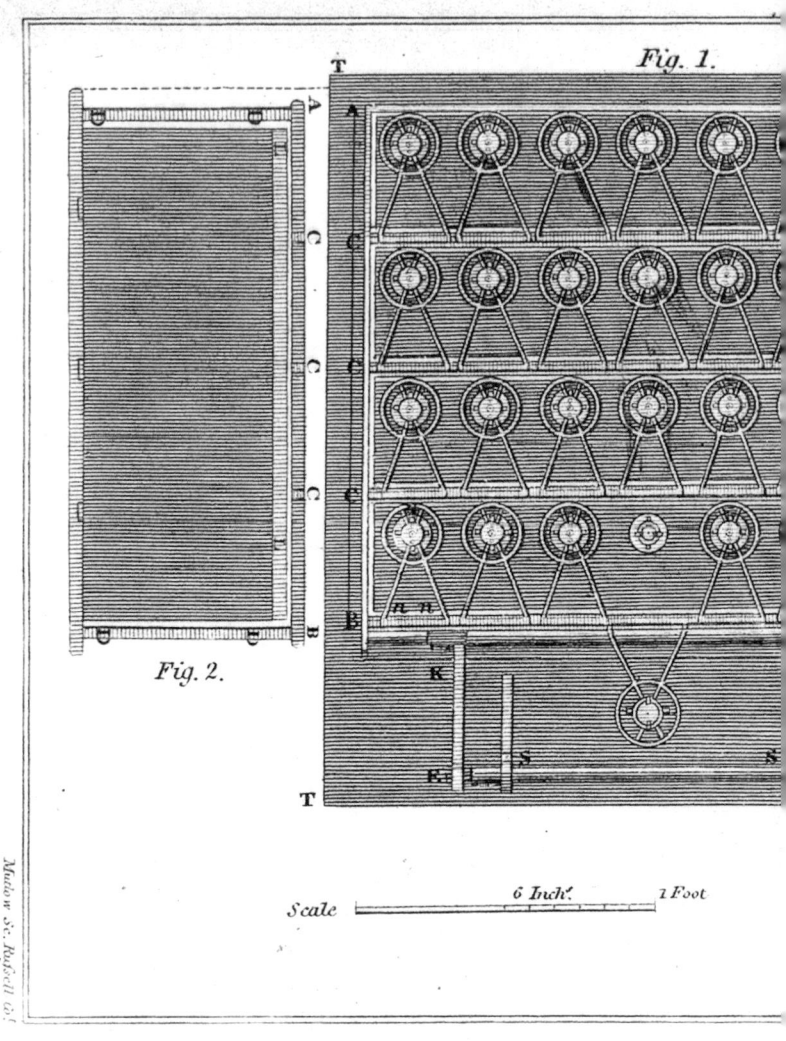

Fig. 1.

Fig. 2.

Scale ⊫▭▭▭ 6 Inch. ⎯⎯⎯ 1 Foot

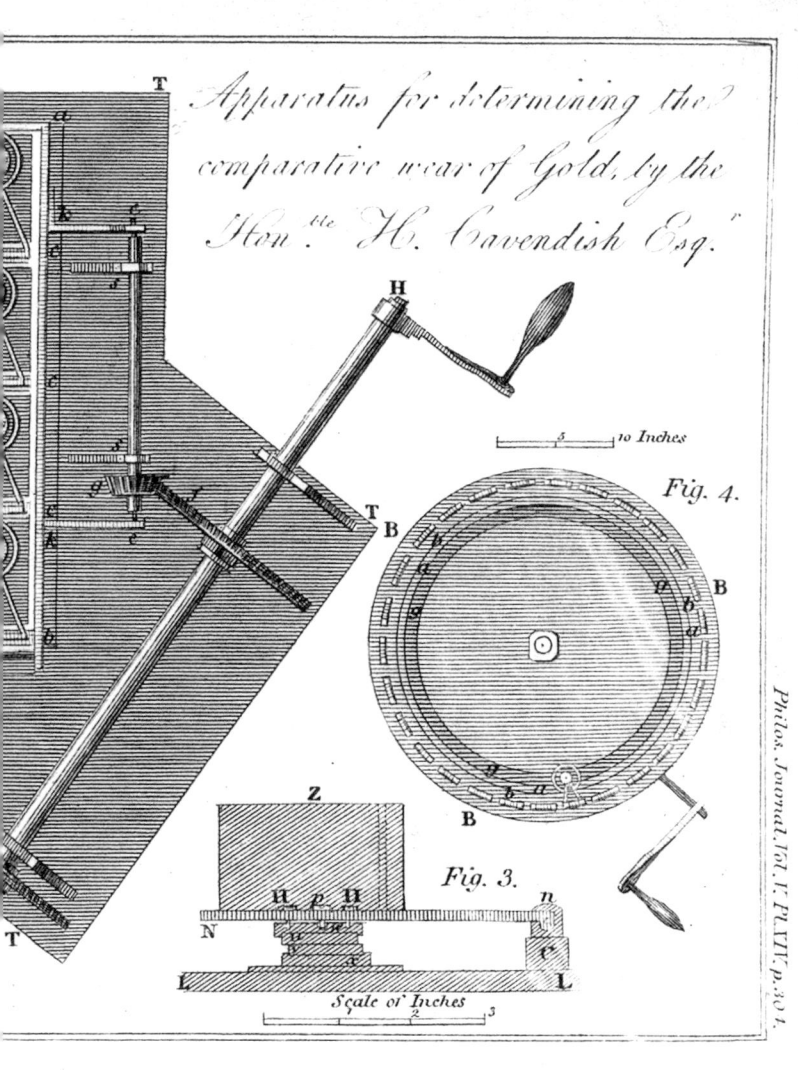

Philos. Journal. Vol. V. PLATE p.304.

Esquema del dispositivo desarrollado por el célebre H. Cavendish para determinar la resistencia al desgaste del oro en comparación con otros materiales. Este aparato probablemente fue utilizado en experimentos o pruebas para evaluar la durabilidad y la calidad del oro en diversas aplicaciones, como la fabricación de joyas, utensilios o componentes industriales. Podría haber sido parte de investigaciones científicas o técnicas en el campo de la metalurgia o la ingeniería de materiales. Grabado de Henry Mutlow, Covent Garden, Londres.

Una historia de tesoros

Habitualmente, cuando pensamos en el oro, nos vienen a la cabeza imágenes de tesoros fabulosos, quizá consecuencia de todos los relatos que al respecto hemos escuchado desde nuestra niñez. Es célebre, por ejemplo, la leyenda de los tesoros escondidos del capitán Kidd, un corsario escocés del siglo XVII que habría escondido o enterrado los frutos de sus andanzas en varias islas a lo largo y ancho de los siete mares[40]. Estas leyendas están detrás de maravillosos cuentos clásicos, tales como *La isla del tesoro* de Robert Louis Stevenson, que han alimentado la imaginación de niños y no tan niños durante siglos. Sin embargo, lo cierto es que semejantes tesoros de fábula han existido en realidad, siendo sin duda el más famoso de ellos el impresionante ajuar funerario de Tutankamón, un oscuro faraón que vivió hace más de tres mil trescientos años y que falleció con tan solo dieciocho.

La tumba de Tutankamón fue descubierta en 1922 casi por casualidad por el equipo de Howard Carter (1874-1939), un arqueólogo británico que llevaba años buscándola y a quien estaba a punto de acabársele la financiación. Carter sospechaba que, a diferencia de casi todos los enterramientos conocidos de los farao-

---

40 En realidad, solamente se conoce un tesoro auténtico atribuible a William Kidd (1655-1701), el que enterró en la Isla Gardiners, al este de Long Island. En su día, fue desenterrado por el gobernador de la zona y enviado a Inglaterra como prueba incriminatoria contra el famoso capitán pirata. Los lugareños hablan también de otro tesoro que Kidd habría escondido en la isla japonesa de Takarajima, pero de momento nadie ha encontrado nada.

La máscara mortuoria de Tutankamón es uno de los tesoros más célebres del antiguo Egipto. Hecha de oro macizo y adornada con piedras semipreciosas y vidrio coloreado, cubría el rostro del faraón en su sarcófago. Presenta la característica corona de Egipto, el nemes, y una barba postiza. Sus ojos están incrustados con cuarzo negro y las cejas están pintadas de negro. Es un símbolo de la riqueza y el poder del antiguo Egipto, y ha capturado la imaginación del mundo desde su descubrimiento en 1922 por Howard Carter. La fotografía fue tomada en 1926.

nes, que ya habían sido saqueados en la Antigüedad —pirámides incluidas—, el del rey niño era muy posible que estuviese intacto, ya que se sabía que fue enterrado deprisa y corriendo en una tumba de poca monta, probablemente destinada para otra persona[41]. Finalmente, el 4 de noviembre un aguador del grupo se tropezó con una piedra que daba paso a una escalinata, que Carter excavó hasta llegar a una puerta de barro que mostraba cartuchos con jeroglíficos. Animado de repente, el inglés decidió esperar dos semanas a que llegase su mecenas, el aristócrata lord Carnarvon, acompañado de su hija. Una vez los visitantes se hubieron reunido con Carter, el 26 del mismo mes se hizo una «pequeña abertura en la esquina superior izquierda» de la entrada, a través de la cual el arqueólogo británico pudo vislumbrar el interior gracias a la luz de una vela. Interrogado por el ansioso Carnarvon acerca de lo que veía, Carter respondió: «¡Cosas maravillosas!». La cantidad y calidad de los objetos de oro encontrados en la tumba del rey niño desafían toda descripción. Solo la célebre máscara funeraria hecha de oro y piedras preciosas pesa ya la friolera de 10 kilos. Pero eso no es nada. El ataúd interior, todo él de oro macizo y con un peso de 114 kilos es, aún en la actualidad, uno de los artefactos confeccionados con el precioso metal más grandes sobre la superficie de la Tierra[42]. A eso hay que añadirle otros famosos objetos de oro, como la hermosa daga que se encontraba sobre el abdomen de la momia, la diadema, las sandalias o el maravilloso trono, este último hecho de madera recubierta de metales nobles y pedrerías. En total, el fabuloso enterramiento contenía unos cuatro mil objetos de oro con un peso aproximado de mil doscientos kilos, es decir, una tonelada larga, cuyo precio de mercado, tan solo por el contenido de metal precioso, supera los 65 millones de euros. Semejante tesoro en la tumba de un faraón de tercera fila nos hace preguntarnos qué no habría en las de gobernantes céle-

---

41 En realidad, la tumba fue saqueada al menos dos veces, pero debió de suceder al poco tiempo del fallecimiento del faraón y, sin duda, se trató de robos de poca monta, ya que la mayoría del ajuar fue encontrado intacto.

42 Recientemente, la Casa de la Moneda de Perth, en Australia, ha presentado en sociedad la mayor pieza de oro del mundo, una moneda con un 99,9 % de pureza, de 80 centímetros de diámetro y 12 de grosor, que pesa exactamente una tonelada.

bres como Keops, Tutmosis III o Ramsés II, y asimismo nos hace entender mejor por qué los saqueadores se afanaban por entrar en estos lugares sagrados, a pesar de que se arriesgaban a castigos espantosos. Al margen del tesoro de Tutankamón, en los últimos tiempos, la arqueología ha sacado a la luz algunos de los innumerables objetos de oro que la humanidad ha ido creando a lo largo de los siglos, y que han sobrevivido a las guerras, los expolios y los desastres naturales. Todos son hermosos, como lo es el metal del que están hechos, pero algunos son tan bellos y espectaculares que desafían toda descripción. Sin duda, la máscara funeraria y el sarcófago de oro macizo de Tutankamón son los más conocidos, como también el famoso Buda de oro, al que más tarde haremos referencia. Pero hay unos cuantos más. Sin salir del país del Nilo, el tesoro de las tumbas reales de Tanis, una antigua capital del Tercer período intermedio, rivaliza con el del legendario faraón Tut. Fue desenterrado en 1939 por Pierre Monet y contiene varias deslumbrantes máscaras de oro, además de muchas otras piezas de extraordinario valor.

Y, hablando de máscaras, la «máscara de Agamenón», por ejemplo, es un precioso objeto de oro macizo con más de tres mil quinientos años de antigüedad. Fue encontrada en 1876 por el inefable Heinrich Schliemann (1822-1890), el millonario prusiano metido a arqueólogo que estaba obsesionado con la guerra de Troya. Dado que Schliemann descubrió la máscara en una tumba de la acrópolis de Micenas, no tuvo ningún empacho en atribuírsela al legendario rey Agamenón. Sin embargo, la máscara es muy anterior a la época comúnmente aceptada para los hechos narrados en la *Ilíada,* a pesar de lo cual ha conservado el nombre del líder de los aqueos. Es de reseñar que, en sus excavaciones anteriores en la colina de Hisarlik, en Turquía, el eufórico Schliemann, quien por cierto había hecho parte de su fortuna con la reventa —cómo no— de polvo de oro, ya se había llevado[43] una soberbia colección de objetos y joyas del noble

---

43   No solo las técnicas de campo de Schliemann dejaban mucho que desear, sino que el intrépido millonario fue acusado de robo de bienes nacionales por el Imperio otomano y condenado a pagar una considerable multa por ello.

La «Máscara de Agamenón» es una de las más famosas máscaras funerarias micénicas. Fue descubierta por el arqueólogo Heinrich Schliemann en 1876 durante sus excavaciones en la tumba conocida como «Tumba V», que se cree que data del siglo XVI a. C. Es un tesoro nacional de Grecia y un símbolo de la cultura micénica y de la rica historia de la civilización griega.

metal a las que bautizó como el «Tesoro de Príamo» —en honor al legendario rey troyano—, parte de las cuales hizo lucir a su segunda y joven esposa, como si de Helena de Troya se tratara.

Los relatos de los magníficos tesoros encontrados por gente como Carter y Schliemann nos llevan a hacernos la siguiente pregunta: «¿Qué desconocidas y maravillosas obras de arte como estas habremos perdido entre los recovecos de la historia?». Es imposible decirlo, pero baste como botón de muestra recordar, simplemente, la estatua crisoelefantina[44] de Zeus en Olimpia, obra maestra de Fidias y considerada una de las Siete Maravillas del Mundo Antiguo. Aunque no queda ni rastro de ella, conocemos su aspecto y características a través de las descripciones y monedas antiguas que se han conservado. Y lo que sabemos impresiona. Al parecer, la estatua medía nada menos que 12 metros de altura, y era tan grande que se dice que ocupaba toda la anchura de la sala del templo que la albergaba. Fidias la había esculpido en marfil sobre un armazón de madera, y estaba recubierta de apliques de oro macizo. Las sandalias y el cetro del dios estaban hechas también del noble metal. El trono también era una obra de arte, confeccionado a base de marfil, ébano, oro y piedras preciosas. La fabulosa escultura permanecería en su sitio durante más de ochocientos años, hasta que el emperador romano Teodosio prohibió los cultos paganos y cerró todos los templos, allá por el año 391. A partir de ahí, se pierde la pista de lo sucedido con la gigantesca estatua, aunque se cree que fue destruida en un incendio, bien estando todavía en el templo, o bien tras su posible traslado a Constantinopla.

La estatua de Zeus en Olimpia es quizá la reliquia de oro perdida de la que conservamos más documentación, pero tenemos noticia de muchas otras, algunas aparentemente impresionantes; por ejemplo, los cronistas antiguos relatan cómo en el siglo IX antes de nuestra era Semíramis, la reina de los asirios, mandó hacer una estatua de oro puro en honor de la diosa Rea. De acuerdo con los textos, la diosa estaba sentada en un trono rodeada de leones, todo ello también de oro. Según parece, el peso del conjunto alcanzaba las 250 toneladas. Más dudosa es la posible existencia del «Ra dorado», una legendaria estatua egipcia de 60 metros de altura en la que el largo cabello del dios era, a decir de la tradición, de oro puro.

Pero quizá la pieza arqueológica perdida que más haya despertado la imaginación de la gente no ha sido otra que el arca de la Alianza, un cofre de madera de acacia recubierto de oro tanto por

---

44   Hecha de oro y marfil.

La Estatua de Zeus en Olimpia fue una de las Siete Maravillas del Mundo Antiguo. Se encontraba ubicada en el templo de Zeus en Olimpia, Grecia, y fue creada por el escultor Fidias alrededor del año 435 a. C. Representaba a Zeus, el dios supremo del panteón griego, sentado en un trono majestuoso. Estaba hecha de marfil y oro, y se elevaba hasta una altura de unos 12 metros (aproximadamente 40 pies). Tenía una apariencia imponente y majestuosa, con detalles meticulosos en su elaboración. Se dice que la estatua tenía los pies apoyados en un reposapiés, y sostenía en su mano derecha una representación de Nike, la diosa de la victoria.

dentro como por fuera que, de acuerdo con el libro del Éxodo, contenía las tablas de los Diez Mandamientos. Según el relato bíblico, el mismísimo Dios le habría dictado a Moisés las instrucciones para construirla, con unas dimensiones de 111 centímetros de longitud, por 67 de anchura y otros 67 de altura. La tapadera del arca estaba hecha de oro macizo y, sobre ella, había montados dos querubines del mismo metal con el rostro vuelto el uno hacia el otro, con la cabeza inclinada y las alas extendidas hacia lo alto. Para transportarla, se introducían dos varas también revestidas de oro por cuatro anillas de metal precioso situadas en las esquinas.

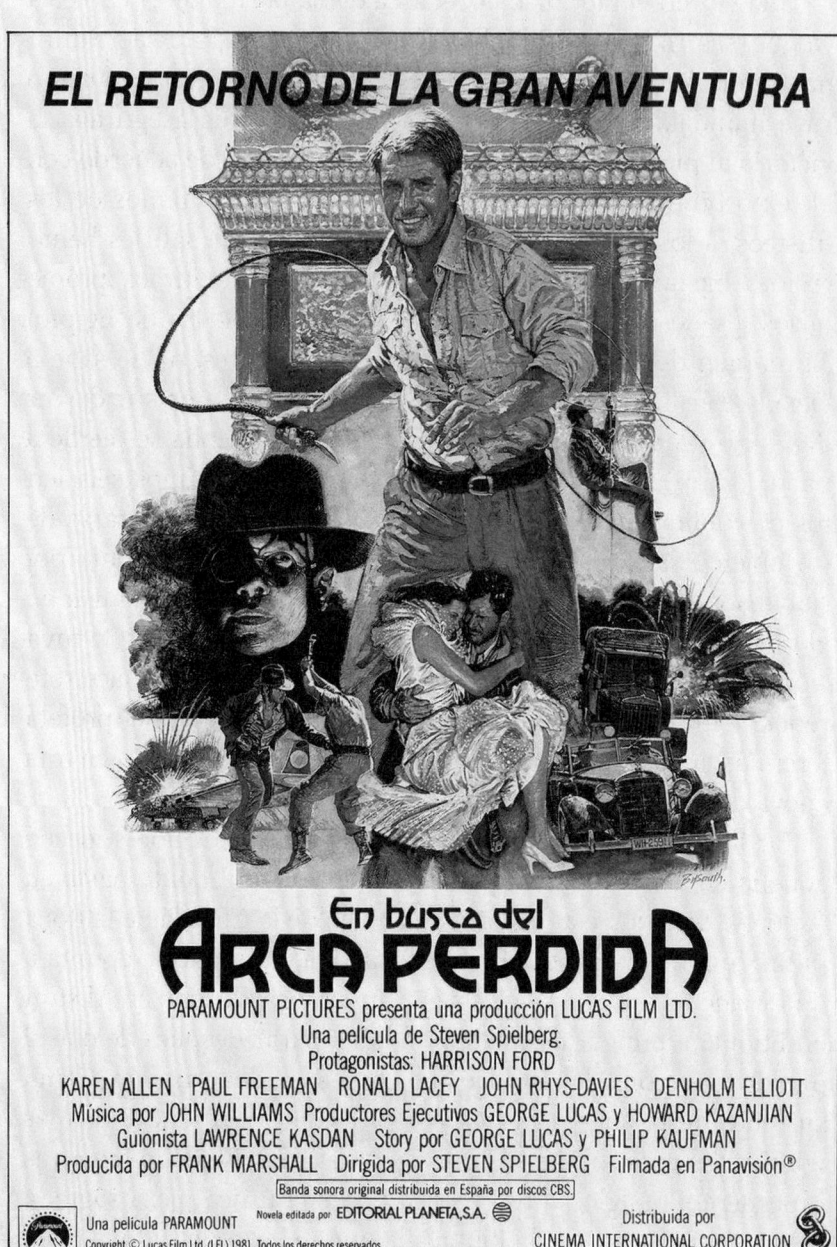

Uno de los carteles promocionales de la archipopular película de Spielberg.

Una vez en el tabernáculo, el arca debía permanecer cubierta ya que, según la tradición, bastaba con mirarla para caer fulminado por el poder de Dios. Siempre y cuando la tratasen como Yavé mandaba, la presencia de la mítica reliquia aseguraba la victoria al pueblo israelí; por ejemplo, y siempre de acuerdo con el texto bíblico, en una ocasión en que cayó en manos de los filisteos, a los enemigos de Israel no pararon de salirles hemorroides hasta que devolvieron el arca a sus legítimos propietarios (esa sí que es una plaga de verdad, y no las de Egipto). Al margen de sus más que improbables poderes, no se sabe a ciencia cierta si semejante objeto sagrado llegó a existir de verdad o no y, en cualquier caso, su rastro en la Biblia se pierde a partir del reinado de Josías, quien habría vivido unos seiscientos cincuenta años antes de Jesucristo. En caso de tratarse de un objeto real, el arca habría sido trasladada a Babilonia por Nabucodonosor II, quien saqueó el templo de Jerusalén, lugar en el que supuestamente se encontraba cuando se produjo la invasión. Sin embargo, en el Libro II de los Macabeos, se hace referencia a unos escritos en los que se mencionaba que el profeta Jeremías la había sacado del templo y la había escondido en una cueva del monte Nebo, en Jordania.

En la actualidad, hay hipótesis de todos los colores, desde aquella en la que se la ubica en el mencionado monte hasta en la que se dice que está escondida debajo de la Cúpula de la Roca, pasando por una especialmente atractiva en la que se apunta a que se encontraría en la iglesia de Santa María de Sion en Aksum, en Etiopía, un lugar al que habría ido a parar después de que el hijo de Salomón y la reina de Saba la robase de Jerusalén. Como sustento de la sugestiva teoría está el hecho de que todas las iglesias del país contienen una copia del arca. Real y oculta tras innumerables siglos o no, el arca no es la única pieza sagrada de oro mencionada en la Biblia a la que se le ha perdido la pista. Por el contrario, la menorá, o candelabro de siete brazos, uno de los símbolos del actual Estado de Israel, tiene muchos más visos de haber sido auténtica, a pesar de que tendría la misma antigüedad que el arca y, según el Antiguo Testamento, también habría sido diseñada por Dios. La razón por la que dudamos

Adoración del Arca de la Alianza, de Sebastián de Herrera
Barnuevo, Hacia 1660 [Museo Nacional del Prado].

menos de su existencia es porque ha sido representada muchas veces en épocas relativamente recientes, siendo la más famosa de dichas imágenes la que aparece en el relieve del arco de Tito, con el que se conmemora el desfile del emperador en Roma después de la destrucción de Jerusalén en 70 d. C. y que muestra la procesión con las piezas expoliadas del templo. La representación allí del famoso candelabro difiere de otras probablemente más fidedignas, pero lo importante es que los romanos aseguran que se lo llevaron del templo y lo exhibieron por la capital. Según el autor romano Josefo, lo habrían guardado en el Templo de la Paz, en medio de la Ciudad Eterna. A partir de ahí, su rastro también se pierde, aunque probablemente la impresionante reliquia de oro macizo fuese robada por los bárbaros durante el saqueo de Roma en 455 d. C. Según una tradición de cierta solidez, se apunta a que los vándalos se la llevaron después a Cartago, de donde el general bizantino Belisario la habría recuperado en 533 d. C. y la habría transportado a Constantinopla. Una vez allí, la menorá habría sido exhibida y luego devuelta a Jerusalén, aunque no existe ninguna otra noticia al respecto. En otras hipótesis, se apunta a que formase parte del tesoro de los visigodos, uno de esos tesoros perdidos que hacen las delicias de los soñadores de medio mundo. En cualquier caso, el candelabro de siete brazos desapareció también de la historia y vaya usted a saber en dónde se encuentra ahora, si es que no lo han fundido hace siglos.

Hablando del legendario tesoro visigodo, en las crónicas antiguas se refieren a él como una de las mayores concentraciones de riqueza jamás reunidas por un mismo pueblo, consecuencia de siglos de saqueos y de tributos como *foederati* de Roma. Sin embargo, parece ser que la parte del león era la que procedía del ya mencionado saqueo de la Ciudad Eterna por parte de Alarico. Tomándolo como base, los siguientes gobernantes se empeñaron en hacerlo engordar, asociándolo con su legitimidad al trono. El tesoro real era tan importante para los monarcas visigodos que existía incluso un alto dignatario, el llamado «conde del tesoro», encargado de custodiarlo y de llevar el inventario. De acuerdo con la tradición, contenía no solo antiguas

Leovigildo, por Juan de Barroeta y Anguisolea [Museo Nacional del Prado].

joyas de las tribus godas, sino parte de lo que se habían llevado del templo de Jerusalén las legiones de Tito, incluyendo posiblemente el famoso candelabro y la no menos célebre mesa de Salomón. Aunque parte del tesoro se habría perdido en un naufragio frente a las costas de África, parece ser que la mayor parte seguía íntegro cuando los francos derrotaron a los visigodos en la batalla de Vouillé (507 d. C.), obligándolos a trasladar el tesoro desde Tolosa a Carcasona. Allí, el rey ostrogodo Teodorico el Grande se lo llevó a Rávena para evitar que cayese en poder de los francos, hasta que accedió a devolvérselo al rey visigodo Amalarico, una vez los suyos hubieron consolidado su poder en Hispania.

Una vez en Toledo, el fabuloso tesoro de los visigodos siguió siendo objeto de azarosas vicisitudes, como su escamoteo en parte durante la revuelta contra el rey Agila o la negativa de los nobles del reino a que Sisenando entregase a los francos, como parte de su ayuda para enfrentarse a Suintila, nada menos que el *Missorium,* una bandeja de oro de más de doscientos kilos que el general romano Aecio había regalado a los visigodos dos siglos antes como pago por los servicios prestados por enfrentarse con él a los hunos de Atila. Por otra parte, el tesoro siguió engordando de forma manifiesta, sobre todo tras la conquista del reino suevo por parte de Leovigildo, que permitió a los visigodos hacerse con el control de las minas de oro del noroeste de Hispania.

En cualquier caso, la pista del gigantesco tesoro se pierde con la conquista árabe de 711 d. C., cuando pasó definitivamente a manos musulmanas. A partir de ahí, se desconoce el destino de la mayor parte de las piezas que lo componían. Se cree que gran parte terminó en Damasco, de donde probablemente se dispersó por todo el mundo árabe. Hoy día, las únicas piezas que se conservan y que creemos que podrían haber formado parte de él son las de tesoros como el de Guarrazar, hoy día conservado entre el Museo Arqueológico Nacional de Madrid, el Museo Nacional de la Edad Media de París y la Real Armería del Palacio Real, también de Madrid, integrado por 10 coronas voti-

Retrato de Giovanni Battista di Castaldo, hacia 1550, de Antonio
Moro [Museo Nacional Thyssen-Bornemisza].

vas —la más famosa la del rey Recesvinto (649-672)— y ocho cruces de oro, junto con una colección de piedras preciosas[45].

Otro tesoro semilegendario que merece la pena mencionar es el del rey Decébalo, gobernante de la antigua Dacia (hoy Rumanía), cuando los romanos conquistaron su reino, allá por el siglo I d. C. Según el historiador Dion Casio, Decébalo había desviado el curso del río Sargetia (actual Strei), excavado en su lecho y escondido una gran cantidad de oro y de plata. Después, había devuelto el cauce a su sitio y mandado matar a todos los prisioneros romanos que habían participado en la obra, para que no se fuesen de la lengua. Las cifras sobre lo enterrado varían mucho, como de costumbre, pero, según la fuente, se habla de entre ciento sesenta y cinco y dos mil doscientas toneladas. La primera cifra te puede parecer que no es para tanto, pero equivale a ¡treinta y dos millones de monedas de oro de la época! Al parecer, los esfuerzos del infortunado Decébalo, que acabó suicidándose, no sirvieron para mucho, ya que uno de sus allegados lo traicionó revelándoles el secreto a los hombres del emperador Trajano, que se lo habrían llevado todo, o casi todo, si tenemos en cuenta que en el siglo XVI se encontró entre las ruinas de la antigua capital de los dacios otro tesoro compuesto por 400 000 monedas de oro, que acabaron en manos, primero, de un obispo de Transilvania y, luego, del condotiero que se lo quitó al obispo, el famoso Giovanni Battista Castaldo, a quien no le importó lo más mínimo que el papa lo excomulgara. El bueno de Castaldo empleó el oro en construir en Milán el suntuoso Palazzo Sormani, del que bien puede decirse que es un moderno fruto del viejo oro de Dacia.

Tesoros como el de Decébalo o el visigodo han alimentado los sueños de los buscadores durante siglos, pero en su mayoría, o son legendarios, o su rastro se ha perdido hace mucho tiempo. Ahora bien, ¿existe algún tesoro fabuloso, cuya veracidad esté

---

45 El tesoro de Guarrazar presenta dos peculiaridades históricas: haber sido descubierto por una maestra de escuela a consecuencia de una terrible tormenta en el campo y haber sido devuelto a Franco por Heinrich Himmler, el siniestro jefe de las SS, en 1941, después de pasar décadas en el museo francés de Cluny.

El Palazzo Sormani en 1935.

Réplica de la embarcación Flor de la Mar [Museo Marítimo de Malasia].

fuera de toda duda y que, sin embargo, siga pendiente de encontrar? Con ciertos matices, la respuesta es afirmativa, aunque aquí vamos a centrarnos solamente en tesoros con un gran contenido de oro. Eso, por ejemplo, deja fuera de la lista maravillas como la Cámara de Ámbar, considerada en su momento como la «octava maravilla del mundo», que desapareció a finales de la Segunda Guerra Mundial[46]. Entre los tesoros más buscados de este tipo se encuentra el de la *Flor de la Mar,* un navío portugués de la época de los descubrimientos que naufragó en 1511 frente a las costas de Sumatra con el botín obtenido en el saqueo del palacio del sultán de Malaca y los tributos del rey de Siam acumulados en sus bodegas. En los cálculos más aproximados, ¡se habla de entre cincuenta y sesenta toneladas de oro, acompañadas de doscientos cofres llenos de piedras preciosas! Las diferentes expediciones empeñadas en encontrar el pecio del por aquel entonces enorme barco (pesaba 400 toneladas) han resultado hasta la fecha infructuosas, en parte debido a las interminables disputas entre los gobiernos de Indonesia, Malasia y Portugal por su posesión. Algo parecido sucede en el caso del *San José,* un galeón español hundido en 1708 en aguas de Colombia que transportaba un cargamento de metales preciosos estimado hoy día en unos diez mil millones de dólares, cuyo pecio fue localizado en 2015 y que es objeto de litigio entre los gobiernos de España y de Colombia.

Más allá de los barcos hundidos, el tesoro terrestre más buscado probablemente sea el de la tumba de Gengis Kan (1162-1227), el gran señor de los mongoles que se hizo enterrar en un lugar desconocido; no en vano, lo eligió alejado de cualquier centro urbano o ruta comercial y, además, ordenó ejecutar a todos quienes tuvieron algo que ver con el asunto. En su día, Marco Polo llegó a escribir que tan solo unas décadas después del fallecimiento de Kan en 1227 los mongoles descono-

---

46   A todas luces, la célebre cámara, con sus seis toneladas de ámbar, fue destruida por la artillería y los bombardeos aliados en Königsberg, lugar donde los nazis la habían trasladado. Sin embargo, de cuando en cuando, siguen saliendo noticias de supuestas pistas que conducirían a algún lugar oculto donde, al menos, parte de los materiales de la mítica estancia habrían sobrevivido.

Vista aérea de la colosal estatua ecuestre de Gengis Kan en Ulan Bator, Mongolia. Fue diseñada por el escultor D. Erdenebileg y el arquitecto J. Enkhjargal. Construida entre 2008 y 2009 como parte del proyecto «Complejo Memorial Gengis Kan», en conmemoración del 800 aniversario del establecimiento del Imperio Mongol; mide 40 metros de alto.

Conjunto de sellos postales que celebran el 850 aniversario del nacimiento
de Temüjin (Gengis Kan) con Burkhan Khaldun al fondo.

Burkhan Khaldun en un sello conmemorativo mongol de 2009.

cían ya la ubicación de la tumba, que supuestamente contendría una cantidad de riquezas a la altura del gobernante del mayor imperio terrestre que el mundo haya conocido. Hoy día, se cree que la ubicación más probable del mítico enterramiento es la montaña de Burkhan Khaldun, en el noroeste de Mongolia, un lugar especialmente querido por Gengis. En los últimos veinte años, la zona ha sido objeto de varias exploraciones con material sofisticado, pero el carácter sagrado de la montaña tanto para el Gobierno como para los vecinos de la región dificulta mucho la tarea. Otra tumba por el estilo sería la del primer emperador de China, Qín Shǐ Huáng Dì (260-210 a. C.), famoso por el formidable ejército de terracota, con la única diferencia de que, en este caso, la tenemos perfectamente localizada. Sin embargo, las prospecciones van muy lentas, en parte por temor a las innumerables trampas mortales que en la tradición se indica que fueron instaladas en el mausoleo y en parte porque, de acuerdo con las crónicas, el emperador mandó instalar en él un gigantesco modelo a escala de sus dominios donde, bajo un cielo en el que las estrellas serían en realidad brillantes piedras preciosas, los ríos de China estaban simulados por auténticas corrientes de mercurio accionadas por una bomba. Por si acaso esto fuese cierto, la toxicidad del mercurio invita a los arqueólogos a ser prudentes, y ello a pesar de que se sospecha que la última morada de Qín Shǐ contiene indescriptibles tesoros.

Las tumbas terrestres y marítimas que acabamos de describir se supone que contienen enormes riquezas, pero, con toda seguridad, hay un buen número de tesoros de calibre algo más modesto desperdigados por todo el planeta; por ejemplo, en 1715, la primera flota cargada de oro que el flamante rey español Felipe V ordenó venir de América se perdió por completo —un total de 12 naves— en una espantosa tormenta frente a las costas de Florida. Por lo que sabemos, en algún lugar de la mencionada costa, yace un tesoro valorado en unos cuatrocientos millones de dólares. Esto es bastante más modesto que lo que se perdió en la *Flor de la Mar* o en el *San Juan,* pero sigue siendo lo suficientemente apetitoso como para que las empresas «cazatesoros» lleven décadas tratando de localizar algún resto del naufragio. De momento, han aparecido algunos cientos de monedas, pero nadie sabe si proceden de la desdichada flota o no. Al igual que muchos otros, el de la flota de 1715 es uno de esos tesoros más modestos que todavía no han sido encontrados. Por el contrario, otros son recuperados con cierta frecuencia, entre ellos el que fue localizado en 2012 cerca de la isla de Jersey, en el Reino Unido, que incluía unos setecientos cincuenta kilos de oro y plata en forma de decenas de miles de monedas y joyas de origen celta, o también el de Hoxne, el mayor tesoro de metales preciosos procedente del Imperio romano descubierto en Gran Bretaña. Hoy expuesto en el Museo Británico, consta de 14 865 monedas de oro, plata y bronce, junto con 200 vajillas de plata y joyas de oro datadas entre finales del siglo IV y principios del V. Su precio de mercado son unos cuatro millones de dólares, lo que, visto lo que hay por ahí, casi parece una minucia. Algo más vale el llamado «tesoro de Saddle Ridge», encon-

Saddle Ridge. Uno de los seis botes de metal repletos de monedas de oro estadounidenses del siglo XIX desenterrados en California,

trado por una pareja de ancianos entre las raíces de un viejo árbol californiano. Considerado el mayor tesoro de monedas de oro jamás encontrado en Estados Unidos, cuenta con 1427 magníficos ejemplares acuñados en su mayoría en la segunda mitad del siglo XIX que, según los expertos, podrían ser parte del botín del atraco a un banco. ¿Su precio de mercado? Unos relativamente humildes diez millones de dólares. Por último, podríamos mencionar el tesoro de Środa, en la Baja Silesia, uno de los más importantes encontrados en Europa, que incluye una preciosa corona de oro acompañada de broches, colgantes, anillos y monedas. Pero aquí ya hablamos de más de ciento veinte millones de euros, lo que empiezan a ser palabras mayores.

Más allá de los grandes tesoros escondidos, la fascinación por el oro lleva a miles de personas equipadas con detectores de metales a rastrear casi a diario pequeños enterramientos en busca de piezas arqueológicas de valor. Estas actividades no

Un buscador de tesoros rastrea una zona campestre [Denis Torkhov].

Cartel promocional de la película *Captain Kidd*, un largometraje de aventuras estrenado en 1945. La película está dirigida por Rowland V. Lee y protagonizada por Charles Laughton en el papel principal como el famoso pirata William Kidd. La trama se centra en sus peripecias, cuando es contratado por el rey inglés para proteger un barco mercante. Sin embargo, a medida que avanza la historia, Kidd se ve envuelto en una trama de traición y engaño que lo lleva a enfrentarse a divertidos desafíos y aventuras en alta mar.

solamente son ilegales en casi todas partes, sino que suponen una grave amenaza para el patrimonio de la humanidad. Los implicados suelen argumentar que los objetos enterrados llevan fuera de circulación cientos de años, si no miles, y que seguirían perdidos si nadie los encontrase. También dicen que, si los gobiernos no se molestan en buscarlos, qué problema hay en que los saquen ellos. La respuesta es que, sin duda, uno puede compartir la desazón por la desidia de las Administraciones públicas, pero eso no justifica una intervención no profesional que, de seguro, conlleva la destrucción sistemática de parte del yacimiento y de su entorno, con lo cual se produce la pérdida irreparable de una considerable cantidad de información arqueológica que puede ayudarnos a comprender mejor nuestro pasado. Además, las piezas arqueológicas son patrimonio de todos y deben estar en un museo, no en colecciones privadas.

Hoy día, la búsqueda de los viejos tesoros es un tema que está tan de moda como en los cuentos que les narraban a nuestros abuelos y, si no, basta con escuchar los titulares que periódicamente saltan a los medios de comunicación con respecto a que tal o cual compañía privada se ha metido en líos judiciales por intentar sacar el tesoro de un antiguo galeón hundido en el fondo de los mares. Y es que a los modernos exploradores les pasa como al capitán Kidd: no hay nada que despierte más la codicia y la sensación de aventura que hacerte con un tesoro perdido y guardártelo para ti, en un sitio donde nadie más pueda encontrarlo.

Buscando oro desesperadamente

No cabe ninguna duda de que los humanos siempre hemos ambicionado la posesión de riquezas, ya sea por estatus, deseo de tener acceso a experiencias exclusivas o, simplemente, como una derivación del instinto de supervivencia, pero, en el caso del rey de los metales, semejante ambición a menudo ha desembocado en una codicia casi ciega, en la que muchas personas han sido capaces de aventurarse en escenarios completamente desconocidos y arrostrar peligros inauditos con tal de hacerse con una buena dosis de dorado botín. Y, entre todos los ejemplos que podamos presentar —ya hemos mencionado la expedición de Vázquez de Coronado—, quizá ninguno sea tan evocador como la búsqueda de El Dorado.

La leyenda de El Dorado se fraguó en el siglo XVI, cuando los conquistadores españoles escucharon los rumores acerca de una ceremonia que supuestamente tenía lugar en algún lugar de las tierras altas correspondientes a los Andes orientales, en lo que hoy es Colombia, en la que un gran señor dueño de enormes riquezas recubría todo su cuerpo de polvo de oro y se arrojaban como ofrenda grandes cantidades del preciado metal a las aguas de una laguna. Pocas cosas podían espolear tanto el apetito de los españoles por aventurarse en tierras desconocidas como una historia semejante; no en vano, ya Núñez de Balboa había descubierto en 1513 el mar del Sur —el océano Pacífico— al cruzar la sierra que recorre el istmo de Panamá, intentando alcanzar una supuesta tierra repleta de oro denominada Tumanamá. Posteriormente, los tesoros encontrados por Pizarro y sus hom-

Grabado que representa a Sebastián Moyano (Sebastián de Belalcázar), nacido alrededor de 1490 en Belalcázar (Córdoba), España, y fallecido el 28 de abril de 1551 (supuestamente) en Cartagena, Colombia. Llevó a cabo expediciones oen diversas regiones de América hispánica, incluyendo Panamá, Nicaragua y Perú. Una de sus hazañas más destacadas fue el descubrimiento y conquista del Reino de Quito y la gobernación de Popayán, en el territorio del Nuevo Reino de Granada (actual Colombia y Ecuador).

bres en Perú no hicieron sino animar a muchos aventureros a enriquecerse, aunque fuese a costa de poner en grave riesgo sus vidas, buscando metales preciosos por toda Sudamérica. Por descontado, es más que probable que los indígenas, sabedores de la enorme fascinación que el oro ejercía sobre los exploradores, extendiesen todo tipo de rumores al respecto, y de hecho la expresión «El Dorado» terminó por hacer referencia a casi cualquier lugar más o menos lejano donde se suponía que había muchas riquezas, algo que sin duda contribuyó a que los españoles se metiesen por todas partes. Así, hacia 1534, llegaban hasta el Caribe noticias de la existencia de una zona más rica todavía que el Perú, situada en algún lugar del interior del continente. Las referencias variaban, pero varias de ellas apuntaban a la región ocupada por los muiscas, en el centro de la actual República de Colombia. Con su acostumbrada combinación de codicia y arrojo, los conquistadores, muy fundamentalmente Gonzalo Jiménez de Quesada, se internaron en la zona y consiguieron reunir un considerable botín de oro y esmeraldas a través de sus tratos con los indígenas. Como efecto colateral, el intrépido conquistador fundó nada menos que la ciudad de Bogotá. Las correrías de Jiménez de Quesada abonaban la impresión de que los españoles se encontraban ante una región muy rica hasta que, finalmente, un prisionero indio le comentó al mismísimo Sebastián de Belalcázar, el célebre conquistador de Quito, que el rey de su tribu solía cubrirse el cuerpo con oro en polvo para ofrendarlo a los dioses. Impresionado, Belalcázar salió en 1539 «en demanda de una tierra que se dice El Dorado y Pasquies», en palabras del tesorero Gonzalo de la Peña. Como era de esperar, a raíz de la anécdota del prisionero, se organizaron varias expediciones al interior de Colombia[47], así como a la Amazonia, donde otros rumores situaban la presencia de magníficas ciudades de oro. Una de estas expediciones es la que protagonizaron en 1560 Pedro de Ursúa y Lope de Aguirre, célebre

---

47   Ya en 1541, el cronista Fernández de Oviedo escribía acerca de «un gran príncipe que llaman el Dorado» que «continuamente anda cubierto de oro molido» y que «se lo quita y lava por la noche y se echa y pierde por tierra, y esto hace todos los días».

La
célebre por haber sido lugar de adoracion de los abo
grandes riquezas, por lo cual se ha emprendido

Bogotá

Guatavita,
...endo la tradición de que estos arrojaron en ella
...varias veces. Su altura sobre el nivel del mar es de 3189 metros

Laguna de Guatavita, acuarela de Manuel María Paz (1820-1902).

La Balsa Muisca: Tesoro Dorado de Colombia. Esta exquisita pieza de oro, elaborada por la civilización Muisca, representa una escena ceremonial que ofrece un vistazo a las prácticas rituales de la antigua sociedad precolombina. Testimonio del avanzado arte y la metalurgia de los Muiscas, es un símbolo icónico del patrimonio cultural de Colombia y se encuentra en exhibición en el Museo del Oro en Bogotá, cautivando a visitantes de todo el mundo con su belleza y significado histórico.

por el asesinato del primero a manos del segundo, que terminaría rebelándose contra el mismísimo Felipe II.

Pero ¿eran ciertas las leyendas? En parte, sí. Las costumbres de los muiscas incluían llevar a cabo numerosas ofrendas de oro y piedras preciosas a los dioses en lagunas de difícil acceso ubicadas en lo alto de las montañas, siendo la principal la laguna de Guatavita. Allí, cuando se investía a los nuevos caciques, estos eran ungidos con tierra mezclada con polvo de oro y conducidos al centro de la laguna, donde se arrojaban objetos del brillante metal y esmeraldas a modo de ofrenda. Además, los sacerdotes muiscas aseguraban que existía un mítico palacio dorado en el fondo de la laguna, un relato que sin duda ayudó a que el lugar adquiriese fama de contar con enormes riquezas. Como prueba de todo esto, en 1856 y en 1969 se encontraron en la zona dos fabulosas piezas de oro, las llamadas «balsas muiscas», la segunda de las cuales está todavía expuesta en el Museo del Oro de Bogotá. Sin embargo, las prospecciones que se han hecho recientemente en la laguna apuntan a que la cantidad de oro arrojada sería muy inferior a la esperada por los conquistadores, razón por la cual los españoles dejaron de hurgar por allí. Con el tiempo, la localización de El Dorado se fue desplazando paulatinamente desde esas tierras más hacia la costa, en concreto hasta Las Guayanas[48].

La búsqueda de El Dorado fue quizá la primera «fiebre del oro» perfectamente documentada, pero, a lo largo de los últimos siglos, han llegado a hacerse famosas muchas más. Aunque podemos rastrear «fiebres» por derecho propio en época romana e incluso más atrás, la primera que podríamos calificar como «moderna» tuvo lugar en Brasil, a finales del siglo XVII, en la zona de Ouro Preto, entonces llamada Vila Rica. Allí, el descubrimiento de grandes cantidades de metal precioso provocó un gigantesco efecto llamada, haciendo que cerca de un millón de personas —la mitad de ellas esclavos africanos— se trasladasen, mayoritariamente desde la costa norte, a trabajar en aquellas minas. Como consecuencia, en 1725 la mitad de la población del país vivía en el sudeste y la ciudad de Vila Rica se había convertido en la más populosa de toda Iberoamérica. A lo largo de la centuria siguiente, se calcula que unas ochocientas toneladas de oro llegaron a Portugal procedentes de esta zona. Una segunda «fiebre» brasileña, de mucho menos éxito que la primera, tuvo lugar entre 1718 y 1735, cuando se encontró oro en el río Cuiabá, cerca de la frontera con Bolivia. El problema en este caso fue que, además de tener que recorrer una complicada y larguísima ruta en la que se tardaba varios meses, el acceso a la zona minera atravesaba un territorio repleto de indígenas con malas pulgas que, durante años, atacaron los convoyes, convirtiendo

---

48 En la literatura y el cine, la búsqueda de El Dorado se ha convertido en todo un símbolo. Voltaire, por ejemplo, en su novela *Cándido*, hace que el protagonista encuentre el lugar con facilidad para luego perder casi todo el oro a su regreso, lo que le hace reflexionar sobre lo perecederas que son las riquezas del mundo.

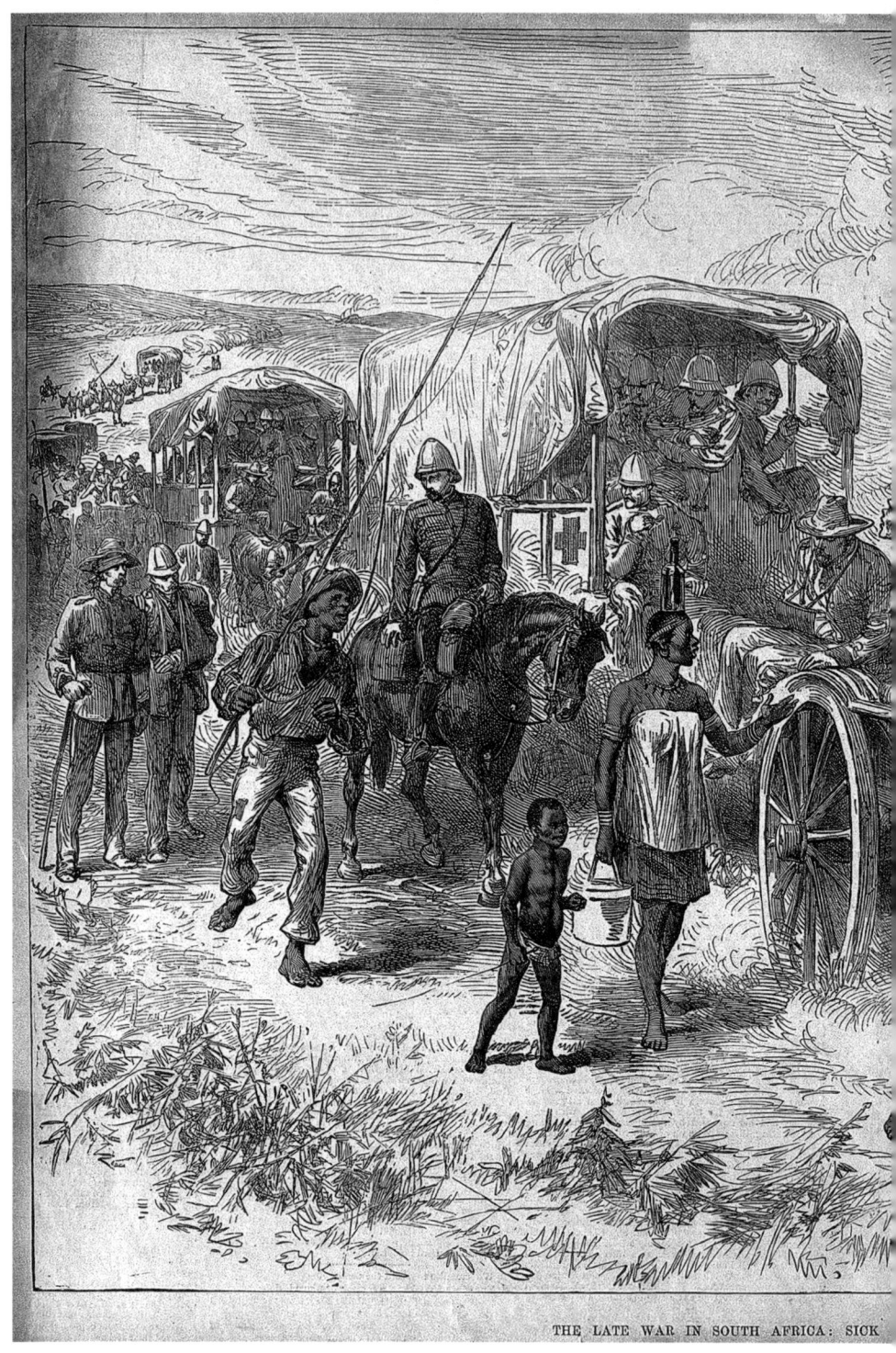

THE LATE WAR IN SOUTH AFRICA: SICK

ED PRISONERS RETURNING DOWN COUNTRY.

La última guerra en Sudáfrica: prisioneros enfermos y heridos que regresan. Durante la Segunda Guerra de los Bóeres (1899-1902), también conocida como la Guerra Anglo-Bóer, el control y la posesión de las minas de oro y diamantes en Sudáfrica desempeñaron un papel crucial. Las ricas reservas de oro y diamantes en el Transvaal y el Estado Libre de Orange eran de gran interés tanto para los bóeres como para los británicos.

el trayecto en una pesadilla. En 1720 y en 1725, por ejemplo, aniquilaron casi por completo dos de ellos y, en 1730, mataron en un asalto a casi cuatrocientas personas. Igualmente, en 1733 y 1735 destruyeron otros dos convoyes, en los que solamente hubo cuatro supervivientes. Ante este panorama, no es de extrañar que se rebajase la fiebre; además, el oro comenzó a agotarse, de manera que, a partir de 1737, la cosa decayó.

A partir de los primeros episodios brasileños, se han venido produciendo numerosas fiebres del oro a todo lo largo y ancho del planeta, en lugares como Canadá, Siberia o Australia, algunas con importantes consecuencias políticas, como es el caso de la que tuvo lugar a partir de 1886 en la antigua Transvaal, en Sudáfrica, en la que el flujo de mineros fue una de las causas de la segunda guerra bóer[49]. Sin embargo, cuando hablamos de una «fiebre» de este tipo, todos pensamos inmediatamente en la de California de 1848, sin duda la más famosa de la historia. Este singular episodio comenzó el 24 de enero de ese año, cuando en Sutter's Mill —el rancho del general John Sutter— el capataz y un grupo de trabajadores encontraron unas pepitas de oro mientras construían un molino de harina. Sutter intentó mantener el hallazgo en secreto por temor a las consecuencias, pero un periodista difundió la noticia, que corrió como la pólvora, hasta al punto de que meses después el mismísimo presidente James K. Polk confirmó que se había encontrado oro en la zona. Pronto, California se vio inundada de aventureros procedentes de medio planeta, los célebres *forty-niners* («los del 49'), y San Francisco, entonces poco más que una aldea, pasó de menos de mil habitantes a más de veinticinco mil en el transcurso de dos años. Algunos de los primeros buscadores de oro se hicieron rápidamente ricos, y una persona que tuviese suerte podía reunir en seis meses el equivalente al salario de seis años. No es de extrañar, pues, que la motivación fuese tan intensa que los capitanes de los barcos que arribaban al puerto de la nueva

---

49   Otra de las consecuencias de la llamada «fiebre del oro de Witwatersrand» fue la fundación de Johannesburgo, una nueva ciudad que diez años después ya era más grande que la mucho más antigua Ciudad del Cabo.

Cuatro buscadores de oro posan en un sendero, Alaska, 1897.

ciudad viesen a sus marineros desertar para ir a recoger oro, dejando cientos de navíos literalmente abandonados[50].

La fiebre del oro de California tuvo enormes consecuencias para la demografía de la zona, hasta el punto de que precipitó la conversión del territorio en estado de la Unión en 1850 y pronto lo catapultó como uno de los más ricos y desarrollados del mundo. Para los indígenas de la zona, sin embargo, supuso un genocidio en toda regla, ya que fueron expulsados de sus tierras y masacrados, hasta el punto de que veinte años más tarde su población se había reducido de 150 000 personas a menos de 30 000.

---

50   Muchos de estos barcos acabaron siendo ocupados por personas emprendedoras que instalaban en ellos tabernas, tiendas y hoteles. En uno de los navíos abandonados, llegó incluso a montarse una cárcel.

Esta fotografía nos transporta al corazón de la Fiebre del Oro en El Dorado, California, entre los años 1848 y 1853. En el campamento minero, una cabaña de madera se erige en la ladera, testigo del fervor de la búsqueda del preciado metal. A su alrededor, los buscadores de fortuna, equipados con palas y hachas, posan junto a una zanja y un canal, símbolos de la ardua labor y la esperanza que caracterizó este período histórico.

MAP OF THE GOLD REGIONS OF CALIFORNIA.
Showing the Routes via Chagres and Panama, Cape Horn, &c.

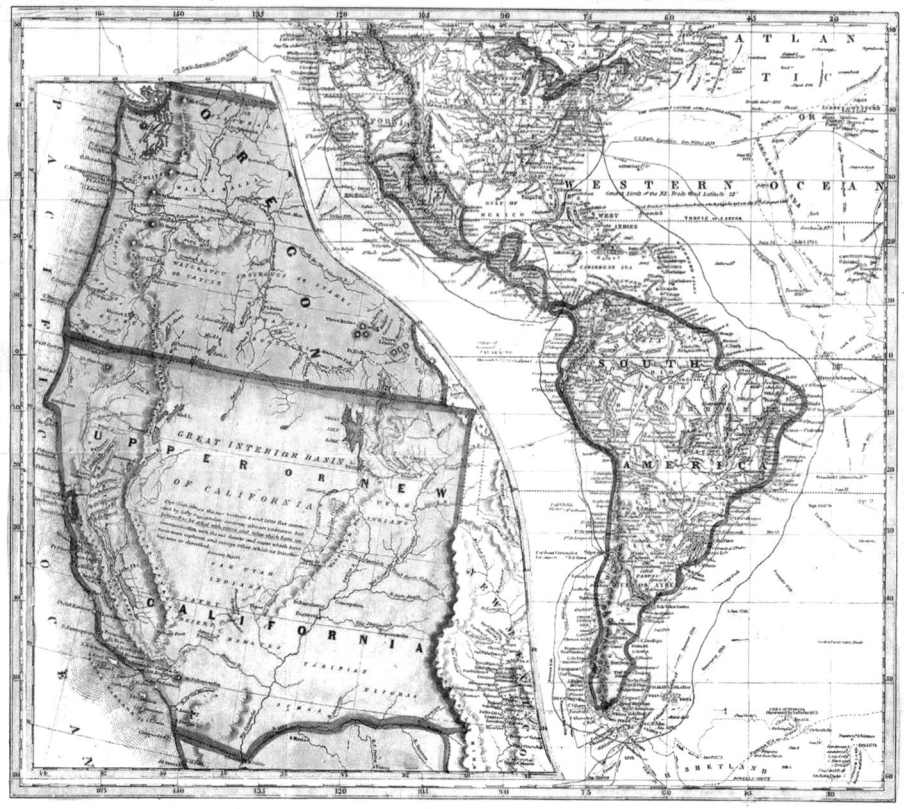

Este mapa histórico nos ofrece una representación detallada de las regiones auríferas de California en torno al año 1850, durante la Fiebre del Oro. El mapa muestra las ubicaciones de las principales áreas de extracción de oro. Este mapa no solo fue una herramienta práctica para los buscadores de fortuna, sino también un símbolo del sueño y la esperanza que inspiró a miles de personas a aventurarse en las tierras de California.

Este sello postal conmemorativo celebra la importancia histórica de Sutter's Mill, el aserradero ubicado en la orilla del río South Fork American en Coloma, California. El molino es célebre por ser el sitio del descubrimiento del oro que desencadenó la Fiebre del Oro de California en 1848. Hoy en día, Sutter's Mill forma parte del Parque Histórico Estatal Marshall Gold Discovery, donde los visitantes pueden explorar y aprender sobre el impacto histórico del descubrimiento del oro en la región, y en todo el mundo.

En cuanto al bueno del general Sutter, la historia tampoco acabó bien para él. Tal y como se temía, sus empleados lo abandonaron para irse a buscar oro y vio sus tierras invadidas por aventureros que le robaron las cosechas y el ganado, dejándolo en la ruina. Incidentes como el de Sutter y el oro de California nos hablan de cómo el preciado metal es capaz de movilizar masas enteras de gente hasta el punto de alterar el curso de la historia, pero, si de verdad queremos un ejemplo de la capacidad que tiene el oro de modificar el comportamiento humano hasta extremos insospechados, nada mejor que contarles lo sucedido en un remoto lugar de Australia.

Allí, y por extraño que pueda parecer, resultó que las antiguas leyendas que se referían a ciudades enteras cubiertas de oro no andaban desencaminadas, aunque fuese de un modo muy diferente al imaginado por sus autores. Semejante ciudad de oro existió en realidad: se llamaba Kalgoorlie y no es que sus muros estuviesen recubiertos de oro. ¡Es que hubo un tiempo en que contenían en su interior toneladas del precioso metal!¿Cómo es

Hasta 1,250,000 millones de dolares en lingotes de oro se recaudaron en el Miners and Merchants Bank en Nome, Alaska. La Fiebre del Oro aumentó las reservas de oro de Estados Unidos, permitiendo que más dinero circulara en la economía mundial.

Estas muestras de calaverita se exhiben en el Museo del Oro de Brad, Rumania. La calaverita es un mineral de oro y telurio, y es una de las principales fuentes de extracción del metal [Adriana Sulugiuc].

esto posible? La respuesta está en los minerales de la zona. Uno de ellos, la calaverita, al que ya hemos mencionado, está compuesto de teluro de oro, uno de los pocos compuestos químicos de los que pueden extraerse a la vez ambos elementos, y que contiene nada menos que un 43,56 % del metal rey, lo que quiere decir que casi la mitad es oro puro. El mineral es abundante en la zona y, cuando la ciudad fue fundada en 1893 al calor de una de las muchas fiebres que jalonaron el siglo XIX, los mineros la edificaron entera a base de calaverita, sin sospechar en absoluto lo que contenía. Cuando descubrieron que la piedra de los muros contenía 14 kilos de oro por tonelada, ni cortos ni perezosos, ¡tiraron todos los edificios que habían construido durante años para hacerse con un buen botín del precioso metal! Por fortuna, la localidad fue más tarde reconstruida y se encontró tal cantidad de metales preciosos en sus alrededores que pronto se convirtió en uno de los centros de extracción de oro más importantes del mundo.

Más allá de la actuación de enfebrecidos exploradores sedientos de riqueza, a lo largo de la historia, el acceso al rey de los metales ha sido un factor determinante en las guerras de conquista y colonización. En este sentido, el caso de los conquistadores españoles en América es sin duda el episodio más conocido, pero ha habido muchos más.

La exploración y posterior colonización de África occidental desde el comienzo de la Edad Moderna tuvo mucho que ver con los rumores de la existencia en la región de enormes reservas de oro, una idea abonada desde la Edad Media por la creencia generalizada de que el codiciado metal era más frecuente en las latitudes cálidas (no en vano, el oro era cosa del Sol), así como por las historias acerca de Mansa Musa —de quien luego hablaremos— y del preste Juan[51]. De hecho, los europeos se referían

---

51   En realidad, la creencia es muy anterior ya que, en tiempos de los romanos, existía en la actual Etiopía un reino —Aksum— al que la tradición atribuía inmensas riquezas, y el griego Heródoto ya mencionaba en sus escritos el importante comercio de oro con África occidental, que incluso habría llevado al legendario navegante Hannón a intentar establecer una ruta para suministrar oro a Cartago. En cuanto al preste Juan, se hablaba de un rey-sacerdote cristiano que sería descendiente de uno de los Reyes

a la zona como la «Costa del Oro» y, durante siglos, el comercio con Occidente fue protagonizado por el precioso metal, además de por el marfil y los esclavos. Naturalmente, los nativos no eran tontos, de manera que el Imperio ashanti, un relativamente avanzado Estado africano que, entre principios del siglo XVIII y finales del XIX, se extendía por lo que hoy es Ghana, así como por algunas zonas de Togo y de Costa de Marfil, controló el comercio con los europeos durante doscientos años. El interés del Imperio británico en hacerse con las minas de oro de la zona fue uno de los factores que desembocaron en las guerras contra los ashanti, que terminaron con la anexión de su territorio por los ambiciosos anglosajones.

Pero, si hay un conflicto en el que el oro haya sido protagonista de innumerables relatos, es el que desencadenaron Hitler y sus secuaces entre 1939 y 1945. En efecto, sobre el llamado «oro nazi» se han escrito literalmente ríos de tinta; no en vano, se trata de uno de los temas más apasionantes de la siempre legendaria Segunda Guerra Mundial. Y, como no podía ser de otra manera, hay tanta mitología como verdad. La práctica de los nazis de confiscar y atesorar todo el oro que podían tiene su origen en las dificultades económicas por las que atravesaba Alemania a principios de los años treinta, cuando las reservas de oro estaban bajo mínimos. Aunque el nuevo y autoritario Gobierno consiguió mejorar la situación, lo cierto es que, en vísperas de la guerra, no podía pagar su deuda externa y apenas podía sostener el rearme necesario para cumplir con los agresivos planes de Hitler. Como consecuencia, durante la anexión de Austria y Checoslovaquia, los secuaces del *Führer* saquearon el tesoro de ambos países, acumulando en un par de años el equivalente a 1300 millones de dólares (a precios de 2020) en oro. Esta práctica continuó durante toda la guerra a mucha mayor escala, llegando los nazis a apropiarse de ocho veces esa cifra

---

Magos y cuyo reino, localizado primero en la India y más tarde en Etiopía, estaría repleto de riquezas fabulosas. La leyenda llegó a ser tan popular que el papa Alejandro III contestó una carta (completamente falsa) del preste para recordarle que el único líder espiritual del cristianismo era él.

Miles de anillos de oro de las víctimas de los campos de concentración nazis. Las tropas estadounidenses encontraron joyas y empastes de oro cerca del campo de concentración de Buchenwald. 5 de mayo de 1945 [Everett].

a partir de las reservas de los países ocupados, sobre todo de Bélgica y de Holanda, eso sin contar con la ingente cantidad de oro que robaron de manos privadas, fundamentalmente de los judíos. En realidad, nadie conoce la cifra total sustraída, aunque se estima que fue descomunal, probablemente del orden de los quince o veinte mil millones de dólares de hoy o, lo que es lo mismo, varios cientos de toneladas de metal precioso. El caso es que, acabada la guerra, se produjo una auténtica diáspora de oro robado, lo cual ha dado pie a innumerables historias y teorías. Uno de los incidentes más famosos fue el de la mina de sal de Merkers, en la región alemana de Turingia, en la que los alemanes habían escondido gran cantidad de metal precioso junto con obras de arte. En abril de 1945, las tropas de Estados Unidos descubrieron el escondite casi por casualidad, cuando la Policía Militar fue alertada por dos mujeres acerca del contenido oculto de la mina. Tras confirmar la noticia, los ingenieros de una división de infantería abrieron un agujero, alumbrando un enorme escondrijo de 23 por 46 metros en el que se encontraba un tesoro que ríete tú del de los piratas del Caribe. Bajo la luz de las linternas, los asombrados chicos del tío Sam contabilizaron, entre otras cosas, ¡8307 lingotes de oro y 3326 bolsas repletas de monedas del precioso metal!, además de plata, platino y una estupenda colección de obras de arte. Siguiendo las instrucciones del mismísimo Eisenhower, los americanos trasladaron rápidamente el oro a un lugar seguro, con objeto de evitar que los soviéticos, a quienes les había correspondido el control de la zona en la posguerra, pudieran quedarse con el premio.

Esta fotografía histórica captura el descubrimiento del tesoro del Reichsbank, saqueado por las SS y almacenado en una mina de sal en Merkers, Alemania. Durante los últimos días de la Segunda Guerra Mundial, las fuerzas aliadas descubrieron importantes tesoros (culturales y de oro y joyas) escondidos por el régimen nazi. Programa *Monuments, Fine Arts, and Archives* [Everett].

Aunque todo el asunto está envuelto en una auténtica aura de misterio, se calcula que algunos bancos suizos, muy principalmente el Banco Nacional Suizo, recibieron a lo largo de la guerra el equivalente a varios miles de millones de dólares en oro atesorado por altos dignatarios y oficiales del régimen nazi. Para hacerse una idea de la magnitud del saqueo, en una fecha tan reciente como 2020, el Centro Simon Wiesenthal publicó un informe acerca de la existencia de alrededor de doce mil cuentas durmientes del Credit Suisse Bank, distribuidas entre Alemania y Argentina. Es evidente que el rastreo de los fondos robados está lejos de haber terminado, como atestigua semejante cifra. Asimismo, en 1996, los americanos desclasificaron el llamado «informe Bigelow», según el cual en 1945 el Vaticano había confiscado el equivalente a 1500 millones de dólares en oro nazi, que luego habría sido enviado a una cuenta numerada de un banco suizo. También se informaba del envío de una cantidad algo inferior de monedas de oro a la Ciudad del Vaticano y, más en concreto, al Instituto para las Obras de Religión. El Vaticano lo ha negado todo, pero la duda acerca de lo sucedido subsiste.

Otro oro legendario que siempre ha resultado de lo más mediático no es otro que el famoso «oro de Moscú», nada menos que 510 toneladas que representaban casi las tres cuartas partes de todo el metal atesorado por el Banco de España en 1936. Casi todo el oro español —la cuarta reserva del mundo en tamaño por aquel entonces— estaba constituido fundamentalmente por monedas, acompañadas de unos pocos lingotes, y había sido acumulado en su mayor parte durante la Primera Guerra Mundial, en la que España se había mantenido neutral. La gigantesca remesa del precioso metal fue enviada a la Unión Soviética por el Gobierno de la República pocos meses después de comenzar la Guerra Civil Española, ante el temor a que cayese en manos de los golpistas, cuyo ejército se aproximaba a Madrid, aunque también existe la bien fundada versión de que se hizo para compensar a Moscú por la ayuda prestada a los republicanos. El oro fue trasladado primero a Cartagena en un convoy custodiado por tropas rusas y después fue cargado a bordo de cuatro navíos soviéticos, que lo transportaron hasta el puerto de Odesa, en la costa del mar Negro, para terminar en Moscú. Una vez allí, la mayor parte de las monedas fueron fundidas para transformarlas en lingotes, aunque se sospecha que las de mayor valor numismático —las más antiguas y raras— fueron vendidas poco a poco en los mercados internacionales.

Unos meses después de que el oro llegase a Rusia, los gobiernos español y soviético firmaron un acuerdo por el cual se asumía que la propiedad seguía siendo del primero (aunque el auténtico propietario era el Banco de España), que se lo fue vendiendo al segundo a lo largo de la guerra con objeto de financiarla. Los rusos, por supuesto, cobraron estupendamente todos sus servicios. Aunque el Gobierno de la República se esforzó en negar que las reservas habían salido de España, lo cierto es que la venta del oro generó como efectos secundarios una inflación galopante y el creciente desprestigio de la peseta a nivel internacional. Por razones políticas, muchos años después de terminar la guerra, el Gobierno de Franco seguía reclamando a los rusos la devolución del oro, a pesar de que estaba bien informado de que los republicanos lo habían vendido prácticamente todo. No obstante, tanto la típica opacidad del Gobierno de la Unión Soviética como la falta de escrúpulos de Stalin siempre han hecho sospechar que los españoles salieron perdiendo. Después de todo, el historial ruso en materia de salvaguardar el oro ajeno nunca ha sido inmaculado. Si no, que se lo digan a Rumanía, que en el transcurso de la Primera Guerra Mundial envió al país de los zares, por temor a perderlo a manos de las potencias centrales, un sensacional tesoro integrado por más de cien toneladas de oro que incluía, entre otras cosas, joyas de la realeza, de los vaivodas de Valaquia y Moldavia, del antiguo reino de Dacia e incluso de tres mil quinientos años de antigüedad. Que se sepa, los avispados depositarios no han devuelto nada hasta la fecha.

La del oro nazi y la del oro de Moscú son, sin duda, las historias más conocidas de entre todos los trapicheos dorados de aquella turbulenta época, pero hay muchas más, como en la que se cuenta la rocambolesca salida de 53 toneladas de oro noruego en 1940 camino de Estados Unidos, en un trayecto que incluyó,

El general Tomoyuki Yamashita, apodado el «Tigre de Malasia», siendo escoltado por la policía militar de regreso a su celda al final de un día en el juicio por crímenes de guerra en Manila, Filipinas. La expresión en su rostro revela su reacción ante el testimonio presentado en su contra, el cual incluía acusaciones de masacres, violaciones y otras atrocidades cometidas durante la guerra.

entre otras peripecias, el traslado del tesoro en barcos de pesca y el intento fallido por parte de unos paracaidistas alemanes de hacerse con el suculento botín, o la de la Operación Pescado de 1939-1940, el traslado desde Inglaterra a Canadá a través del Atlántico de 50 000 millones de dólares en oro[52], quizá la mayor transferencia no electrónica de riqueza que se registra en la historia, durante la cual los marineros que se dirigían al Atlántico Norte llevaban ropa tropical para despistar. Por último, es de justicia mencionar la leyenda del «oro de Yamashita»[53], un fabu-

---

52   Siempre a precios actuales.
53   Tomoyuki Yamashita (1885-1946) fue el principal artífice de las grandes victorias japonesas en el Sudeste Asiático a principios de 1941. Fue ejecutado en 1946, acusado de los abusos cometidos por sus tropas, aunque nunca ha habido pruebas de que los aprobase, o incluso de que tuviese conocimiento de ellos.

Max Theodor Felix Laue en 1929. Recibió el Premio Nobel de Física en 1914 por su descubrimiento de la difracción de los rayos X. Su trabajo sentó las bases para el desarrollo de la cristalografía de rayos X, una técnica ampliamente utilizada en el estudio de estructuras cristalinas y biología molecular.

loso tesoro supuestamente escondido por este general japonés en varios lugares de Filipinas, que procedería del saqueo sistemático de varios países del Sudeste Asiático por parte de las tropas niponas con apoyo de la *yakuza* en los primeros meses de la Segunda Guerra Mundial. Buscado durante décadas por cazadores de tesoros de todo el mundo, de él se cuenta que estaba detrás de la fortuna del dictador Ferdinand Marcos quien, por cierto, fue objeto de una famosa demanda judicial por parte de un cazador que, según sus palabras, habría descubierto el tesoro para luego ser despojado por el artero y codicioso dictador.

Por otro lado, no todas las historias que relacionan el oro con las guerras tienen que ver con la ambición de los contendientes para hacerse con el botín de amigos y enemigos ya que, en muchos casos, de lo que se trata es de impedir que te lo quiten. En ese sentido, algunas personas han hecho cosas increíbles para ocultar su oro. Uno de los mejores ejemplos es el de los físicos alemanes Max von Laue y James Franck, dos lumbreras laureadas con el Premio Nobel[54] que comprobaron desolados cómo, tras llegar al poder, los nazis confiscaban todo el metal precioso que podían y, muy especialmente, las medallas del famoso premio, al que detestaban como símbolo de lo que ellos llamaban «ciencia judía». A diferencia de otros científicos, Franck y Von Laue no abandonaron Alemania, pero, dispuestos a todo para proteger el oro de semejante expolio, escamotearon las medallas enviándoselas a la chita callando a su colega Niels Bohr, otro premio nobel con quien ambos mantenían amistad y que, en ese momento, residía en Copenhague. Los dos físicos se estaban arriesgando mucho, dado que sacar oro del país germano en aquella época constituía un grave delito y el nombre de ambos figuraba en el reverso de las medallas. Los atribulados científicos confiaban en la neutralidad de Dinamarca, pero, en abril de 1940, los alemanes ocuparon el pequeño país báltico, poniendo en peligro tanto la seguridad del metal como la integridad física

---

54   Max von Laue (1879-1960) recibió el Premio Nobel de Física en 1914 por sus trabajos en cristalografía de rayos X. James Franck (1882-1964), por su parte, compartió el de 1925 por el descubrimiento de las leyes que gobiernan el impacto de un electrón sobre un átomo.

James Franck, ganador del Premio Nobel de Física en 1925, profesor de Química Física (1938-1947) en la Universidad de Chicago, y director de la División de Química del Laboratorio Metalúrgico de la universidad durante la Segunda Guerra Mundial.

de sus propietarios. Aterrado, el altruista Bohr pasó horas intentando buscar una solución. Esconder las medallas o enterrarlas no era seguro, porque los alemanes podían encontrarlas, y tampoco podía llevárselas a ningún sitio sin correr el riesgo de ser descubierto. Por fortuna, a uno de los colaboradores de Bohr, el genial físico húngaro George Hevesy, se le ocurrió la brillante idea de, sencillamente, hacerlas desaparecer. Para ello, disolvió las medallas de Franck y Von Laue en agua regia —una mezcla de ácido clorhídrico y ácido nítrico concentrados capaces de disolver el oro, de la que más tarde hablaremos— en la confianza de que, entre los soldados alemanes que asaltasen el laboratorio, no hubiese ningún buen químico. La mezcla era conocida desde los tiempos de los alquimistas medievales, pero el truco era lo bastante bueno para que pudiese funcionar. Y funcionó. Cuando entraron en el laboratorio de Bohr, los invasores pasaron por alto los dos pequeños vasos de precipitados con un líquido pardo-anaranjado en su interior, que permanecieron en su lugar hasta el final de la guerra. Bohr había escapado a Inglaterra a través de Suecia y, cuando regresó a Copenhague en 1945, se encontró los recipientes en su sitio, con la disolución en agua regia intacta. Los asombrados miembros de la Academia Sueca no tuvieron el menor problema en volver a acuñar dos nuevas medallas para Franck y Von Laue, los físicos que arriesgaron el todo por el todo para conservar a toda costa sus preciados trofeos de oro.

Dándole al prójimo gato por liebre

El gran valor que desde siempre se le ha atribuido al oro ha hecho que las intentonas de darle a los incautos gato por liebre hayan sido tan frecuentes que pocas cosas han generado tanta desconfianza como el comercio del preciado metal. En efecto, la falsificación de los metales preciosos es una práctica tan antigua como la propia metalurgia, habiendo pruebas de ella en lugares como Egipto o Mesopotamia, desde hace miles de años. De la tierra de los faraones, en concreto, nos han llegado textos en los que se describe la preparación de oro falso con todo lujo de detalles. Los griegos se mostraban fascinados por estos escritos que contenían lo que parecían ser misteriosos procedimientos para transformar metales «inferiores» en oro, algo que sin duda se encuentra detrás de la eclosión de la alquimia en el Mediterráneo oriental hacia el siglo II a. C. Algunos de estos textos, como los que aparecen en los papiros de Leyden y de Estocolmo, probablemente escritos en el siglo II o III de nuestra era, no son más que recetas que contienen falsificaciones descaradas, aunque muestran unos conocimientos químicos de naturaleza práctica de cierto nivel.

Como ejemplo, echemos un vistazo al procedimiento para «aumentar el oro» (sic) que se describe en el papiro x de Leyden, con arreglo a la traducción que el químico francés Marcellin Berthelot expuso en su obra *Les Origines de l'alchimie,* publicada en 1885:

Para aumentar el oro, toma cadmía de Tracia, haz una mezcla con la cadmía en mendrugos, o cadmía de Gaul, junto con *misy* y rojo sinopia, a partes iguales a la del oro. Cuando el oro ha sido puesto en el horno y ha tomado buen color, echa estos ingredientes. Luego remueve el oro y déjalo enfriar. El oro se habrá duplicado. En jerga química moderna, esto significa mezclar el oro con un óxido de zinc con impurezas procedentes de la fundición de cobre o de bronce (cadmía), una pirita *(misy)* y una hematita (rojo sinopia). Al calentarla, la mezcla da como resultado una aleación de oro y zinc con algo de cobre y otras impurezas, de aspecto muy parecido al auténtico metal precioso, pero de peso mucho mayor que el original. Vamos, que comprar oro en una tienda de la Alejandría del siglo III era toda una actividad de riesgo. Y lo curioso es que, a pesar de que se trataba a todas luces de un timo, los gobernantes romanos de la época llegaron a estar francamente preocupados por este tipo de recetas, pues nadie sabía a ciencia cierta si siempre se trataba de fraudes o tal vez los egipcios hubiesen dado, después de todo, con el secreto de fabricar oro a partir de materiales baratos. Como ejemplo, en el año 290, el emperador Diocleciano promulgaba un famoso decreto en el que ordenaba la quema de «los antiguos escritos de los egipcios que tratan sobre el arte de fabricar oro y plata», no fuera a ser que alguien pusiese patas arriba la eco-

Antoniniano de bronce (3,25 g, 23 mm) acuñado en Roma entre 285 y 286 d. C. En el anverso, se aprecia el busto radiado, drapeado y acorazado de Diocleciano, con la leyenda IMP DIOCLETIANVS AVG.

nomía del Imperio…, o se hiciese lo suficientemente rico como para comprarse un ejército y desafiar al mismísimo emperador. Por supuesto, los métodos para «rebajar» el oro con plata o utilizar amalgamas de mercurio no solo estaban extendidos en el mundo romano del Bajo Imperio, sino que ya eran un problema desde hacía mucho tiempo. De hecho, la preocupación con respecto a la autenticidad del oro había llevado más de mil quinientos años antes a los egipcios a idear el método conocido como «ensayo al fuego», en el que una muestra del supuesto metal precioso era cocida en un pequeño crisol de ceniza de hueso que absorbía cualquier cosa que no fuese oro o plata. Después, se extraía la plata con ácido[55] y se comprobaba el peso del oro restante. La diferencia con el peso de partida a menudo destapaba la magnitud del fraude. Baste también con recordar la célebre anécdota de Arquímedes y la bañera —que probablemente no sea del todo auténtica— en la que el tirano de Siracusa, Hierón, le encargó al científico más grande de la Antigüedad que comprobase si el orfebre que le había fabricado una corona de oro estaba tratando de tomarle el pelo. La desconfianza de Hierón estaba más que justificada, dada la dificultad de comprobar por aquel entonces si el oro había sido mezclado con un poco de plata, pero el hecho de que Vitrubio narrase la historia es prueba de que, ya en la Sicilia de hace dos mil trescientos años, los artesanos se enriquecían habitualmente con este tipo de prácticas. Tras estrujarse la cabeza durante algún tiempo, Arquímedes se dio cuenta, mientras se bañaba, de que su cuerpo perdía peso al sumergirse, mientras que el agua parecía desplazarse a medida que él se introducía en la bañera[56]. Entre otras cosas, eso servía para medir el volumen de cualquier objeto sin alterar su forma,

---

55 El agua regia disuelve el oro porque es una mezcla de ácido clorhídrico y ácido nítrico. La mayoría del resto de los ácidos no pueden disolverlo, pero hay muchos que sí que disuelven la plata y otros metales, lo que permite tanto refinar el oro como descubrir una mezcla fraudulenta.

56 Esta es la célebre anécdota según la cual el entusiasmado genio salió a correr desnudo por la calle gritando «eureka» [«lo encontré»], porque había descubierto el famoso principio que lleva su nombre y que todos aprendemos en la escuela. Como veis, una de las cumbres de la ciencia de la Antigüedad estuvo también íntimamente relacionada con el rey de los metales, como no podía ser de otra manera.

Der Alchymist oder Goldmacher.
Der Nutz offt ist Nichts als Kuh-Mist.

2. *Brauchet diese Künstlichkeiten,*
Arzeneyen zubereiten,
und zuhelfen der Natur;
Aber wann ihr Gold wollt kriegen,
so wird mit im Rauch verfliegen
Ehre, Witz, Geld und Mercur.

Dos alquimistas trabajando en su laboratorio; el texto que acompaña satiriza a aquellos que persiguen la alquimia únicamente por el oro. Grabado por C. Weigel, 1698.

lo que le permitió comprobar fácilmente que la corona contenía en realidad menos oro del que se le suponía. Todo el mundo quedó encantado menos, naturalmente, el pobre orfebre, cuyo destino creemos que no fue nada envidiable.

Con la llegada de la alquimia, ya hemos visto que incluso a los más preclaros gobernantes los asustaba de veras la idea de que realmente fuese posible fabricar oro, aunque probablemente se mostraban más preocupados por las cada vez más frecuentes denuncias relacionadas con fraudes. En ese sentido, uno de los más habituales consistía en mezclar una pequeña cantidad de metal precioso con mercurio para obtener una amalgama de aspecto muy similar al primero, pero, obviamente, con una proporción de oro muy inferior. Hoy día estamos familiarizados con este tipo de operación por causa de los empastes dentales, pero, a principios de la era cristiana, poca gente tenía acceso al mercurio y, por tanto, se trataba de un engaño muy eficaz. Además, era facilísimo de perpetrar, ya que bastaba con moler el oro finamente y ponerlo en contacto con el mercurio para obtener una estupenda mezcla con la que dorar una pieza de cobre o de plata sin que, a falta de conocimientos especializados, los incautos pudieran llegar a darse cuenta. Otro fraude muy corriente consistía en hacer pasar por oro puro lo que no era en realidad más que una pieza de latón pulido, aprovechando el color dorado característico de esta aleación de cobre y zinc. De hecho, el latón era conocido desde tiempo inmemorial, ya que, aunque todavía no se había identificado el zinc, se obtenía mezclando el cobre con calamina, una fuente natural de este último metal. Los romanos denominaban a la mezcla «oricalco» o «auricalco», en referencia a un metal legendario mencionado en algunos antiguos escritos griegos y asociado por el filósofo Platón con la mítica Atlántida. El oricalco romano era, sin duda, latón dorado, una aleación bastante valiosa en la época, empleada en el culto al dios Poseidón[57]. Los

---

57   En 2015 se encontró al sur de Sicilia un pecio del siglo vi a. C. con un cargamento de 39 lingotes de una aleación de este tipo, compuesta de un 75-80 % de cobre y el resto de zinc, con pequeñas cantidades de níquel, plomo y hierro. También es interesante señalar que, cuando los españoles llegaron a América, se encontraron con que algunas tribus de

fraudes relacionados con el oro, utilizando tanto los mencionados como otros métodos, se perpetuaron a lo largo de los siglos, no siendo hasta el advenimiento de la química moderna que empezó a hacerse más difícil hacer pasar mezclas de metales por oro. Por lo demás, no era este el único metal precioso objeto de tomaduras de pelo, ya que la plata no le andaba a la zaga. Y, si no, que se lo digan nada menos que a Felipe II, el rey español del Imperio en el que «nunca se ponía el Sol», quien al menos en dos ocasiones financió experimentos de charlatanes que aseguraban ser capaces de transformar metales vulgares en plata. En realidad, lo que hacían los embaucadores del ilustre soberano no era más que proporcionar un color plateado a metales como el plomo o el estaño, por lo general, mezclándolos con mercurio en amalgama. Lo curioso del caso es que el engaño resulta francamente burdo, ya que basta con calentar la mezcla para que el mercurio se separe. Aun así, y por lo que sabemos, los subalternos del bueno de Felipe se tragaron la superchería durante bastante tiempo.

Naturalmente, en el siglo XXI no es tan fácil darle a la gente gato por liebre, aunque existen métodos de falsificación lo bastante buenos como para poner a prueba al más reputado joyero. El problema básico para tratar de colar oro falso es la enorme densidad del metal precioso, nada menos que 19,32 gramos por centímetro cúbico. Esta cifra puede no decirle nada, pero se traduce en que un trozo de oro de tamaño modesto pesa francamente mucho. Semejante masa por unidad de volumen es difícil de apreciar en un anillo o en una pequeña moneda, pero resulta más que evidente en un lingote de cierto tamaño; por ejemplo, uno de los que se utilizan típicamente en intercambios bancarios, el llamado *London Good delivery bar,* pesa casi doce kilos y medio de oro —unas cuatrocientas onzas troy—, mientras que su tamaño no es mayor que el de un librito de bolsillo. Imitar esto no es nada fácil, dado que hay muy pocos materiales equiparables. El acero, por ejemplo, tiene menos de la mitad de la densidad del oro.

---

nativos valoraban bastante más el latón, un metal que los fascinaba, que el mismísimo oro, hasta el punto de estar más que dispuestos a intercambiar el uno por el otro.

Sofía, Bulgaria, 18 de octubre de 2019: Fotografía de una barra de oro
Engelhard London 996.5, datada en 1986. Esta barra, con su peso y pureza
claramente marcados, representa tanto el valor intrínseco del metal como su
historia como una reserva de riqueza y una forma de inversión [Belish].

Mineral de tungsteno o wolframio.

Entonces, ¿no hay materiales que permitan falsificar el metal-rey con ciertas garantías? La respuesta es afirmativa, aunque no existen demasiadas opciones. Otros metales preciosos, por ejemplo, podrían ayudar a dar el pego, pero no constituyen buenas alternativas, dado que cuestan casi tanto como el oro y, a veces, incluso más. En realidad, los dos mejores candidatos son el uranio empobrecido y el wolframio, aunque el primero es un engorro: primero, porque no es fácilmente accesible a no ser que seas un gobierno y, segundo, porque es radiactivo, con lo que te arriesgas a ir a la cárcel no solo por el fraude, sino también por poner en peligro la salud pública. El wolframio, sin embargo, resulta perfecto. Además de ser relativamente fácil de comprar, resulta que tiene casi la misma densidad del oro y es unas cuatrocientas veces más barato. Por supuesto, el color no encaja y muchas de las propiedades tampoco, pero te aseguro que un núcleo de wolframio con un grueso chapado de metal precioso es capaz de hacer pasar por oro puro un lingote más falso que Judas.

¿Funciona de verdad este engaño? No es que funcione bien: es que lo hace de maravilla. Según la American Numismatic Association (ANA), desde el año 2015, los mercados se han visto literalmente inundados de oro falsificado con este sistema, la mayoría procedente de China, donde los lingotes y las monedas de pega se fabrican a destajo en instalaciones especializadas. Un seudolingote de wolframio revestido pasa perfectamente tanto las pruebas físicas como los análisis químicos: las primeras porque, con los métodos habituales, no hay forma de darse cuenta de la pequeñísima diferencia de peso y los segundos porque el exterior del lingote es de oro. De hecho, si el revestimiento de metal noble es lo suficientemente grueso, ni siquiera un análisis de rayos X pone de manifiesto el fraude, siendo precisas herramientas mucho más sofisticadas para detectarlo, tales como medidores de ultrasonidos, que son carísimos[58]. Está claro que lo de «engañarlo a uno como a un chino» no es un chascarrillo demasiado afortunado.

---

58   Existe un método «casero» basado en detectar las diferencias en las propiedades magnéticas del oro con respecto al wolframio revestido utilizando una báscula de

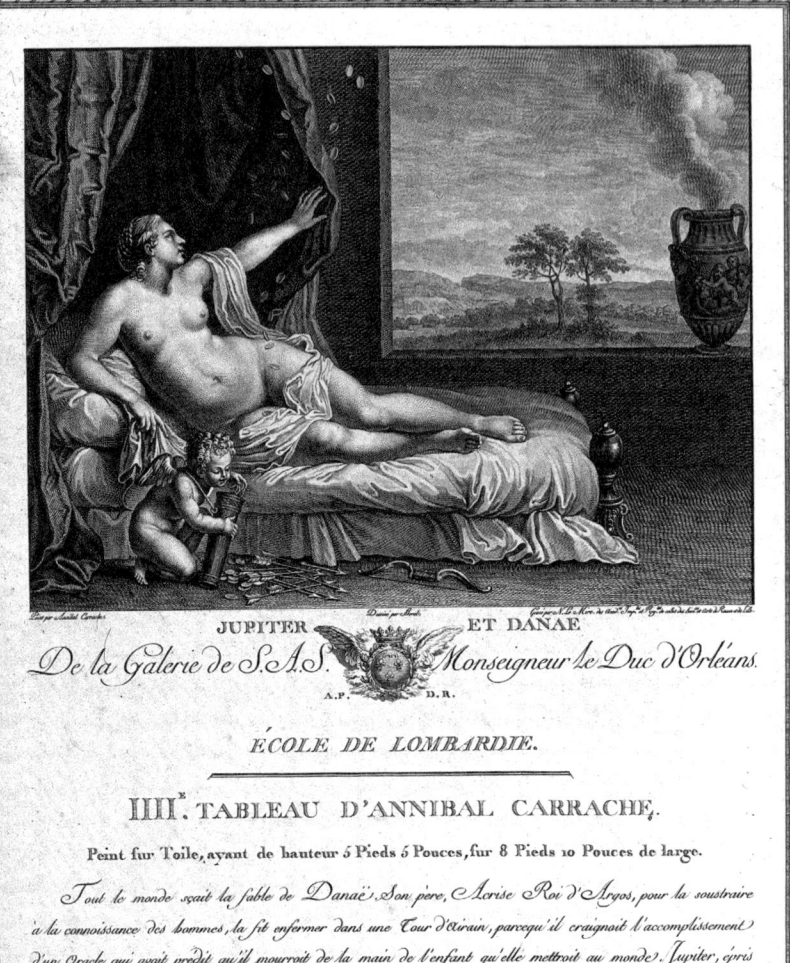

Gravé par N.le Mire... Imp.d...
Desiné par Borel.
Peint par Annibal Carrache.

JUPITER ET DANAE

De la Galerie de S.A.S. Monseigneur le Duc d'Orléans.

A.P.   D.R.

ÉCOLE DE LOMBARDIE.

IIII.ᵉ TABLEAU D'ANNIBAL CARRACHE.

Peint sur Toile, ayant de hauteur 5 Pieds 5 Pouces, sur 8 Pieds 10 Pouces de large.

Tout le monde sçait la fable de Danaë. Son père, Acrise Roi d'Argos, pour la soustraire à la connoissance des hommes, la fit enfermer dans une Tour d'airain, parcequ'il craignoit l'accomplissement d'un Oracle qui avoit prédit qu'il mourroit de la main de l'enfant qu'elle mettroit au monde. Jupiter, épris des charmes de la belle Captive, descendit dans sa prison sous la forme d'une pluie d'Or; elle se rendit à ses desirs; et de ce commerce náquit Persée, dont les actions ont été si célébrées par les Poëtes.

L'Artiste a saisi le moment où Jupiter descend transformé en pluie d'Or. La fille d'Acrise est nue, à demie couchée sur un Lit dont elle dérange le rideau pour la mieux voir tomber. L'Amour avec un petit air fripon, ramasse les pieces d'Or qu'il met dans son Carquois dont il a ôté les Fléches. Ce Tableau est excellent tant pour l'idée, que pour l'exécution. Un beau coloris, un contour noble, une touche large et moelleuse, le placent au rang des plus estimés de cet Artiste. Peut-être y auroit-il à désirer plus de finesse et moins de froideur dans le caractère de la tête de Danaë: quant à celle de l'Amour, elle est admirable pour la finesse d'expression.

M.ᵉ Vigot.Scrip.

Júpiter mantiene cautiva a Dánae y se acerca a ella en forma de una
lluvia de monedas de oro que Cupido recoge y pone en su aljaba.
Grabado de N. Le Mire según A. Borel según Annibale Carracci.

140

Por supuesto, existen formas más sencillas de intentar el timo, pero casi siempre se corre el riesgo de que no cuelen. Dado el considerable peso del oro, no merece la pena intentar el fraude más que con objetos de escaso tamaño, en los que la diferencia sea más difícil de evaluar; por ejemplo, con una moneda pequeña. Falsificar monedas bañadas en oro ha sido muy habitual desde la Antigüedad y, por eso, en su día se hizo célebre el método de la «piedra de toque», una forma de comprobar si la moneda es auténtica haciéndole una pequeña incisión para comprobar el color de la aleación o echándole una gota de ácido para ver si se oxida. Pero siempre conviene tener cuidado, ya que ni siquiera hace falta revestir la moneda de oro para dar el pego. Una moneda de cobre tratada con una disolución concentrada de hidróxido de sodio en ebullición a la que se le ha echado algo de polvo de zinc adquirirá un hermoso color plateado. Si posteriormente la calentamos con un mechero Bunsen[59]..., ¡la convertiremos en «oro»! Claro está que el hecho de que tanto el anverso como el reverso de la moneda sean idénticos a la moneda de cobre nos debe hacer sospechar. Por lo demás, existen muchas monedas de aspecto dorado; todas ellas confeccionadas con distintas aleaciones, como es el caso de las monedas de curso legal de 10, 20 y 50 céntimos de euro; todas hechas de una mezcla de cobre (89 %), aluminio (5 %), zinc (5 %) y estaño (1 %) que se conoce como «oro nórdico»[60]. Estas monedas ya no deberían engañar a nadie, a pesar de lo cual, y por increíble que pueda parecer, a veces se han hecho pasar por auténticas piezas de oro.

¿Cómo podemos, pues, estar razonablemente tranquilos con respecto a nuestro oro? Ya sea una moneda, una joya o un lingote, lo primero es adquirirlo en un comercio de total garantía, algo especialmente importante en una compra por internet.

---

precisión y un imán de cierta potencia. Sin embargo, la proporción de wolframio debe superar el 30 %.

59 El mechero Bunsen es ampliamente utilizado en los laboratorios de todo el mundo para calentar o quemar muestras y reactivos químicos. Fue inventado por Robert Bunsen en 1857 y proporciona con rapidez un calor intenso.

60 Además de su indudable buen aspecto, esta aleación tiene cierto efecto antimicótico y antimicrobiano. Además, no se deslustra con facilidad. Sin embargo, su color es algo diferente al del oro. Además, pesa muy poco, por lo que no es fácil confundirse.

Franç.ᵗ Masquelier Pinx.

Le bien, la pauvreté l'age mur la jeunesse

Qui fait, ou l'infortune, ou la félicité.
Voltaire

Franc.ᵒ Pedro Scul. apud Nic. Cavalli Venetiis

Un alquimista trabajando con sus asistentes en un crisol.
Grabado de F. Pedro a partir de obra de F. Maggiotto.

143

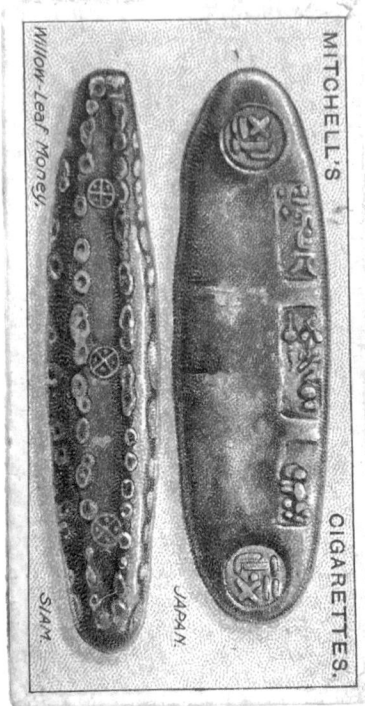

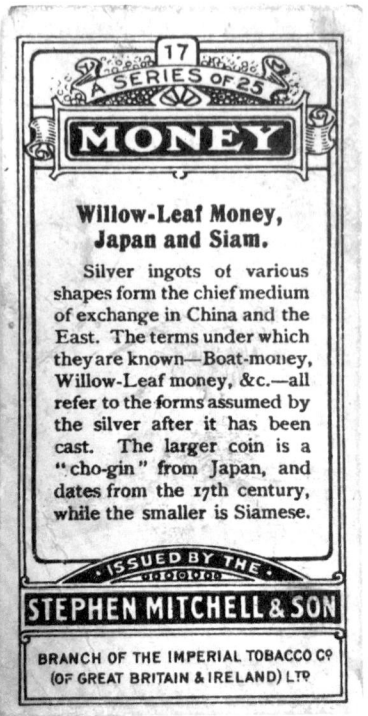

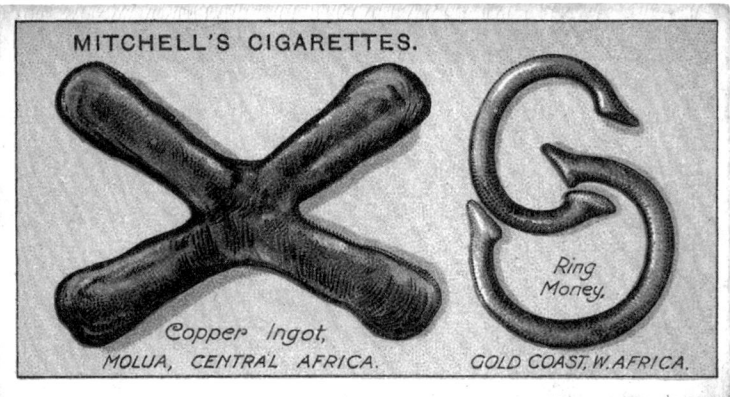

Stephen Mitchell & Sons fue una empresa escocesa de fabricación de tabaco, establecida en Linlithgow en 1723. Mitchell es considerado uno de los primeros y más importantes actores en la producción de tabaco escocés. Solía emitir estampas de colección de diversas temáticas como parte de sus estrategias de promoción de marca. Estas estampas eran populares entre los coleccionistas y a menudo presentaban una amplia variedad de temas, desde imágenes históricas y naturaleza hasta deportes y cultura popular, en este caso, «dinero». Esta práctica no solo ayudaba a promover la marca de tabaco, sino que también generaba interés entre los consumidores y fomentaba la fidelidad a la marca. Las estampas de colección eran una forma efectiva de vincular el producto con la diversión y el entretenimiento, y muchas personas disfrutaban de coleccionarlas y intercambiarlas como un pasatiempo.

Es imprescindible también comprobar la marca de fábrica, que la acredita como pieza de oro auténtico y certifica su grado de pureza. Aunque las marcas también se pueden falsificar, una buena lupa puede ayudarnos a detectar grabaciones irregulares o poco nítidas. Si seguimos sin estar seguros, podemos aplicar unas sencillas pruebas físicas; por ejemplo, podemos frotar nuestra pieza de oro contra una superficie de cerámica sin vitrificar. Si la marca que aparece es dorada, la pieza es de oro. Si es negra, no lo es del todo. También podemos arrojar nuestras monedas a una superficie de mármol —este es el motivo por el que las antiguas tiendas de compraventa de oro tenían el mostrador de este material— para ver si emiten un tintineo limpio al rebotar. Por último, podemos echar mano de la química, lanzando a nuestro botín una gotita de ácido nítrico. Dado que el oro no se corroe, esta prueba es casi definitiva. Si bajo la acción del ácido se vuelve verde, entonces no es oro puro, sino más bien un objeto bañado en el noble metal. Lo mismo sucede si aparece un color blanquecino, aunque entonces al menos sabremos que se trata de plata bañada. Y, si el ácido se vuelve dorado, entonces es solo latón. Por el contrario, si no hay reacción alguna, entonces se trata de auténtico oro.

Al margen de todo esto, en los últimos tiempos los mayores fraudes relacionados con el rey de los metales no han tenido que ver con falsificar el oro en sí, sino con embaucar a los inversores haciéndoles creer que estaban invirtiendo en metales preciosos cuando en realidad se trataba de una milonga. En esta materia, el caso históricamente más sonado fue sin duda el de George Graham Rice (1870-1943), apodado El Chacal, un estafador neoyorquino que, a principios del siglo xx, hizo su agosto estafando a toda suerte de especuladores. La costumbre ya le venía de pequeño, pues había acabado en el reformatorio como consecuencia de robar a destajo en el negocio de pieles de su familia. A los treinta años se había convertido en todo un angelito, habiendo pasado por la cárcel por falsificar cheques y con un negocio de apuestas por correo cerrado por fraude. Arruinado, se trasladó al estado de Nevada, lugar en el que su instinto para

100 SHARES

NUMBER C933

INCORPORATED UNDER THE LAWS

CAPITAL STOCK
$3,000,000

FULL PAID AND

LAMPAZOS SILV

G. G. RIC

This is to Certify

owner of ONE

Capital Stock of LAMPAZOS

transferable only on the Books of

on surrender of this Certificate pr

In Witness Whereof the Compa

by its duly authorized officers and

this

Registrar and Transfer Company

SHARES
100

OF THE STATE OF DELAWARE.

PAR VALUE OF
SHARES $1. EACH

NON-ASSESSABLE

MINES COMPANY

is the

RED *Shares of the*

ER MINES COMPANY

mpany in person or by Attorney

endorsed.

caused this Certificate to be signed

rporate Seal to be hereunto affixed

day of APR 8 1918 19

PRESIDENT

Certificado de acciones emitido a Rice por 100 acciones de la Lampazos Silver Mines Company, endosado en el reverso por Rice el 3 de julio de 1918.

MY ADVENTURES WITH YOUR MONEY

BY

GEORGE GRAHAM RICE

ARTI et VERITATI

RICHARD G. BADGER

THE GORHAM PRESS

BOSTON

Frontis de la obra *My adventures, with your money*, de George Graham Rice. Publicada en 1913, la obra detalla las experiencias de Rice en el mundo de las finanzas, incluyendo sus manipulaciones del mercado de valores. Se ganó la reputación de ser un maestro del fraude, a menudo promocionando acciones sin valor o inflando artificialmente sus precios para luego venderlas a inversionistas desprevenidos, lo que le valió el apodo de «Jackal of Wall Street». A lo largo de su carrera, Rice estuvo involucrado en numerosos escándalos financieros y se enfrentó a múltiples cargos por fraude y manipulación del mercado.

los negocios fraudulentos le aconsejó la promoción de unas minas de oro completamente inexistentes.

Rice era un estafador, pero también un hombre de muchos recursos. Para lanzar su nuevo imperio dorado, creó nada menos que una agencia de publicidad y un periódico. A continuación, se puso a frecuentar a personajes públicos de cierto renombre que lo ayudasen a promocionar sus actividades y comenzó a fundar compañías mineras a toda prisa —llegó a constituir unas dos mil sociedades—, introduciéndolas en Wall Street y promoviendo la compraventa de acciones a través de brókeres fraudulentos. Aprovechando el apetito por el oro entre los inversores, especulaba con las acciones, llegando a atesorar el equivalente a unos mil cuatrocientos millones de dólares de hoy día. Para que nadie sospechase demasiado, contrataba a trabajadores, alquilaba maquinaria y comenzaba obras, fingiendo de esta manera que estaba construyendo minas de verdad. Llegó incluso a organizar una falsa huelga y a quemar algunas instalaciones, con el único objeto de salir en la prensa. Cuando el fraude se destapó, el descarado estafador había captado más de doscientos millones de dólares de inversores que perdieron hasta el último centavo. En los años que siguieron, el incansable «Chacal» continuó con sus engaños, llegando incluso a inventarse una compañía petrolera ficticia: la Rice Oil Company. Arrestado en frecuentes ocasiones, nunca se arrepintió de sus actividades delictivas, llegando a escribir un famoso libro autobiográfico titulado: *Mis aventuras con tu dinero*.

Muchos años después de que el inefable Rice muriese, tuvo lugar el escándalo de Bre-X, probablemente el fraude relacionado con el oro más famoso de los últimos tiempos. Esta compañía canadiense había sido fundada en 1989 por un tal David Walsh, pero carecía de ninguna actividad real. Cuatro años más tarde, el dueño entró en contacto con el geólogo John Felderhof, ya conocido por haber descubierto una mina de oro en Papúa Nueva Guinea, quien le recomendó al seudoempresario que comprase unas tierras en la jungla de Borneo en las que aseguraba haber encontrado una enorme cantidad del precioso metal. Felderhof, que llegó a ser vicepresidente de Bre-X, apoyaba sus

Retrato oficial de Suharto (1968). Sirvió como segundo presidente de Indonesia desde 1967 hasta 1998. Durante su largo mandato, ejerció un control autoritario sobre el país y se le atribuye el establecimiento de un régimen conocido como la «Nueva Orden». Asumió el cargo después de un período de inestabilidad política y económica en Indonesia y fue responsable de una serie de reformas económicas y políticas que llevaron a un período de estabilidad y crecimiento económico en el país. Sin embargo, su régimen también fue criticado por su autoritarismo, la violación de los derechos humanos y la corrupción generalizada. Suharto fue derrocado en 1998 tras una serie de protestas masivas y disturbios en Indonesia.

aseveraciones en unas muestras obtenidas por el geólogo y buscador de oro Michael de Guzmán. En poco tiempo, las estimaciones pasaron de 136 000 libras de oro a más de 5 millones, con un valor estimado de 70 000 millones de dólares, lo que convertía a la mina de Borneo en el mayor depósito de oro del mundo. Y, claro está, se desató la fiebre. Sin hacer comprobaciones, inversores del calibre de JP Morgan o Lehman Brothers comenzaron a hablar del «descubrimiento de oro del siglo», y las acciones de Bre-X pasaron a multiplicar su valor cientos de veces, llegando a cotizar en el Nasdaq.

Pero, ¡ay!, el oro despierta tanta codicia que los fraudes no tardan en destaparse. En 1996 Suharto, el corrupto presidente de Indonesia, decidió que quería parte del pastel y obligó a la empresa a repartirse los beneficios con su Gobierno (vamos, fundamentalmente con él). Entonces se descubrió que el supuesto oro brillaba por su ausencia. Sencillamente, lo que De Guzmán había presentado como muestras de la mayor mina de oro de todos los tiempos no eran, entre otros materiales fraudulentos, sino... ¡las virutas de oro de su propio anillo de boda! El escándalo que estalló fue de proporciones sísmicas. Hasta el fondo de pensiones del profesorado público de Ontario había invertido gran parte de su dinero en Bre-X. Los mercados de valores canadienses experimentaron una convulsión como hacía años y De Guzmán acabó falleciendo en circunstancias poco claras. Aún hoy, no sé sabe quién fue el verdadero responsable de la increíble estafa, aunque las sospechas apuntan a Felderhof y a Walsh quienes, antes de que el fraude se destapase, vendieron acciones por valor de decenas de millones de dólares[61].

Pero no creáis que los fraudes más escandalosos se han dado en países famosos por sus minas de oro, como Australia. África, ese continente plagado de riquezas naturales donde la corrupción está a la orden del día, ha protagonizado algunos verdaderamente increíbles, el mayor de los cuales ha sido probable-

---

61   El escándalo de Bre-X ha sido, sin duda, la mayor estafa relacionada con el oro hasta la fecha. La combinación de codicia, falta de control y una credulidad casi inaudita contribuyeron a que se volatilizasen los ahorros de decenas de miles de inversores.

mente el que tuvo lugar en Kenia a principios de la década de los noventa del siglo pasado. Allí, el Gobierno nacional llegó a desembolsar entre seiscientos y mil quinientos millones de dólares en subsidios a una compañía que exportaba oro y diamantes... ¡de un país que no tenía ninguna de las dos cosas! El bribón de esta historia fue nada menos que el entonces director de Inteligencia del Cuerpo de Policía de Kenia, quien junto con un socio fundó una compañía exportadora —la Goldenberg International Limited— y un banco, pero el número de beneficiarios del fraude fue de varias docenas, incluyendo varios altos cargos de la Administración keniana[62] de la época.

En la actualidad, y a pesar de los milenios transcurridos desde que empezaron, los fraudes relacionados con el oro no solo siguen a la orden del día, sino que son cada vez más frecuentes, y ello a pesar de que la tecnología moderna debería dificultarlos enormemente, cuando no impedirlos totalmente. Sin embargo, es tal la fascinación que ejerce el oro y tan descomunal su capacidad de despertar la codicia humana que personas razonablemente inteligentes caen una y otra vez en engaños que muchas veces son asombrosamente simples. En muchos casos, basta con conchabarse con funcionarios corruptos para engañar a un buen puñado de incautos inversores que no saben que el oro que tienen delante de sus narices va a regresar a su lugar de origen después de que lo hayan visto, mientras que el dinero que tienen que pagar para sufragar los permisos y los impuestos para que el brillante metal cruce el océano no van a volver a verlo. En otros casos, y por increíble que pueda parecer, sigue habiendo inversores, incluso institucionales, que aceptan como garantía un supuesto *stock* de lingotes de oro que, en realidad, son de cobre revestido, tal y como demuestra el relativamente reciente caso de una compañía china que les dio a determinados bancos gato por liebre por valor de casi cinco mil millones de dólares o, lo que es lo mismo, ¡el equivalente al 4,2 % de la reserva total de oro del país!No pasa día sin que, en un boletín de

---

62   Durante los tres años que duró el escándalo, entre 1990 y 1992, el país tan solo produjo un total de 65 kilos de oro y ningún diamante.

noticias de alguna parte del mundo, salte a la palestra un timo o una estafa relacionados con la compraventa de metales preciosos, tanto a pequeña como a gran escala. A veces, basta recibir la llamada de un supuesto intermediario que alerta de una inminente crisis financiera, que por supuesto va a conllevar la subsiguiente escalada del valor del oro como activo-refugio, para que gente corriente meta todos sus ahorros en oro, en ocasiones a un precio muy superior al del mercado. Como ejemplo, en el otoño de 2020 dos estafadores de Los Ángeles engañaron al menos a mil seiscientas personas en Estados Unidos, en su mayoría veteranos inversionistas de entre sesenta y noventa años, a quienes sacaron del bolsillo más de ciento ochenta y cinco millones de dólares a base de venderles oro y plata a precios desorbitados. En otras ocasiones, se trata simplemente de la clásica estafa piramidal donde al incauto inversor le prometen elevadas ganancias a cambio de arriesgar su dinero comprando y vendiendo un oro que nadie ve, tal y como hace unos años sucedió en Polonia, donde el «banco fantasma» Amber Gold sustrajo, entre 2009 y 2012, al menos doscientos treinta y seis millones de dólares de los ahorros de unas diecinueve mil personas a quienes había prometido un 14 % anual de ingresos garantizados (cuando te ofrezcan semejante porcentaje, desconfía: hazme el favor). Y eso que el fundador de la empresa era un bien conocido delincuente con varias sentencias por estafa. Los timos «dorados» han llegado incluso al sector de las criptomonedas, con casos tan sonados como el de KaratGoldCoin (KGC), una criptomoneda lanzada en 2018 que supuestamente se sustentaba en la tenencia de oro físico y que, en diciembre de 2019, alcanzó una capitalización en el mercado de unos doscientos veinte millones de dólares. Como te puedes figurar, en la actualidad vale cero, ya que no era más que un engaño organizado por unos individuos que se paseaban en Lamborghini después de haber estafado unos cien millones de dólares a los muchos incautos.

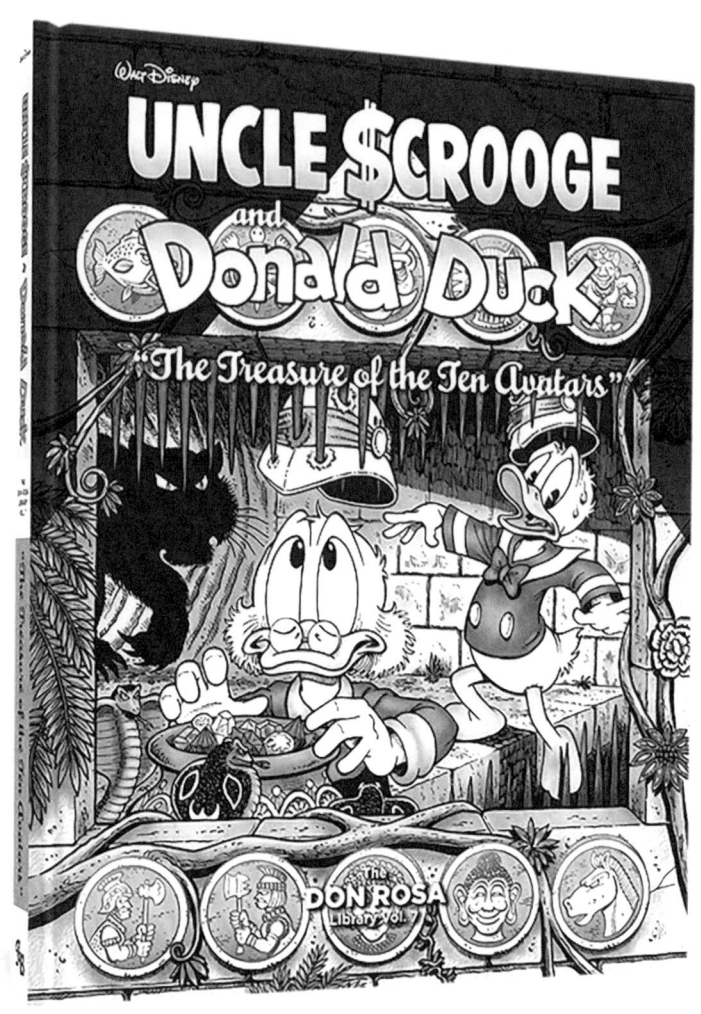

Portada de la obra *The Treasure of the Ten Avatars*,
de Don Rosa, editado por David Gerstein.

¿Cómo es posible que, milenios después, todo esto siga sucediendo? Tal y como dijo un conocido economista estadounidense,
«no hay nada en el mundo que haga que las personas suspendan
su juicio crítico más rápidamente que el oro»[63]. Quizá, y a fin de

---

63   Thomas H. Naylor, profesor de Economía de la McGill University.

Portada de la obra *Uncle Scrooge: The Diamond Jubilee Collection*,
del mítico Carl Barks, editado por Fantagraphics Books.

cuentas, puede que todos nosotros llevemos dentro el espíritu
del tío Gilito, el genial personaje de Disney cuyo único objetivo
en la vida parece que es acaparar riqueza. Y, para los humanos,
no hay riqueza más fascinante, atractiva y enloquecedora que la
que proporciona el hermoso y brillante rey de los metales.

¿Quieres fabricar oro?

Ya hemos visto que la creencia en que es posible transformar metales «vulgares» en oro arraigó profundamente en el imaginario colectivo a lo largo de la Antigüedad tardía y de toda la Edad Media, no siendo hasta bien entrada la Ilustración cuando la posibilidad empezó a descartarse por completo. Por un lado, estaba claro que la mayoría de quienes aseguraban poder fabricar oro por medio de la alquimia no eran más que una pandilla de charlatanes, pero la ausencia de conocimientos acerca de la estructura de la materia dejaba la puerta abierta a que, al menos en algunos casos, semejante hazaña fuera posible. En honor a la verdad, no se debe menospreciar la alquimia como práctica a través de la cual se fueron acumulando importantes conocimientos a lo largo de los siglos, y la ciencia moderna no lo hace. De hecho, puede decirse que la química, una de las disciplinas científicas fundamentales de nuestra civilización, pasó toda su infancia entre oscuros laboratorios y misteriosas recetas. Más allá de la charlatanería, los verdaderos alquimistas estaban imbuidos de un espíritu místico, que les hacía buscar la transformación del alma al mismo tiempo que la de la materia. Para ellos, la búsqueda de la piedra filosofal —la sustancia que era capaz de transmutar los metales vulgares en oro— era también una forma de acceder a un nivel superior de consciencia. Fuera como fuese, y a pesar del oscurantismo y la falta de medidas cuantitativas, en su afán por fabricar oro, los alquimistas fueron capaces de desarrollar técnicas de importancia capital como la destilación, así como de descubrir reactivos tales como los

NICOLAVS FLAMELLVS,
Pontisatenſis,

Vixit circa finem XIV. et initium
XV. Seculi apud Pariſienſes civitate
donatus. Erat inſignis in patria lingua
Poeta, egregius Pictor, ocultus Philoſoph.
et Mathematicus et Alchemiſta celebris
Nat. A   Denat.
Ex collectione Friderici Roth Scholtzü Norib

Grabado de Nicolás Flamel, el alquimista legendario del siglo xiv conocido por sus supuestas habilidades para convertir metales en oro y descubrir la piedra filosofal. Flamel ha sido una figura envuelta en misterio y leyenda a lo largo de los siglos, y su vida y obra continúan fascinando a estudiosos y curiosos por igual.

ácidos sulfúrico, nítrico y clorhídrico, o la sosa cáustica y, sobre todo, el agua regia. El hallazgo en el mundo árabe medieval de que el agua regia, una mezcla de ácidos nítrico y clorhídrico concentrados en proporción de uno a tres, era capaz de disolver el oro avivó la imaginación de los alquimistas durante cerca de un milenio, ya que les proporcionaba una prueba de que el rey de los metales podía «aparecer» y «desaparecer» casi a voluntad. Además, la idea de que los metales podían transformarse unos en otros no parecía entonces nada descabellada; por ejemplo, el bronce, una aleación de cobre y estaño conocida desde la Antigüedad, mostraba propiedades muy distintas a las de los metales de partida, comportándose como un material completamente nuevo. Las amalgamas[64], por su parte, eran mezclas en las que intervenía el mercurio y a las que les sucedía lo mismo. El mercurio, nada menos que un metal líquido a temperatura ambiente en el que podían disolverse otros para formar amalgamas, tenía fascinados a los alquimistas, convencidos como estaban de que se encontraban ante la sustancia que contenía el «secreto» que se hallaba detrás de las propiedades y apariencia de los metales. Además, bastaba con calentar el mercurio en presencia de azufre —otro de los materiales preferidos por los adeptos de la ciencia oscura— para volver a crear cinabrio, la mena de la que se obtiene el líquido metal, lo que demostraba que la transformación de un mineral en un metal era, al menos en este caso, totalmente reversible[65]. De ahí a convencerse de que la transmutación era posible había un paso, uno que recorrieron innumerables seguidores de la alquimia hasta bien entrado el siglo XVIII.

Uno de los individuos más famosos sobre quien se especuló durante mucho tiempo acerca de sus supuestas dotes como maestro de la alquimia no fue otro que Nicolás Flamel (1330-1418), un escribano, copista y librero francés, famoso por haber sido men-

---

64   Una «amalgama» es una mezcla de mercurio con otro metal. El resultado también
      es un metal, aunque puede estar en forma de líquido, de pasta viscosa o de sólido,
      dependiendo de la proporción de mercurio que contenga.

65   A fin de cuentas, el cinabrio no es más que sulfuro de mercurio.

Solo se publicaron 500 copias de la primera edición del célebre libro de J.K. Rowling, 300 de las cuales fueron distribuidas directamente a bibliotecas. Fue publicado por primera vez en el Reino Unido el 26 de junio de 1997 por Bloomsbury y en los Estados Unidos al año siguiente por la Corporación Scholastic bajo el título *Harry Potter y la Piedra del Hechicero*. El libro alcanzó el primer lugar en la lista de libros de ficción más vendidos del *New York Times* en agosto de 1999 y se mantuvo cerca de la cima de esa lista durante gran parte de 1999 y 2000. Ha vendido más de 120 millones de copias, lo que lo convierte en uno de los libros más vendidos de todos los tiempos.

cionado en la saga de Harry Potter. Curiosamente, la leyenda de Flamel como poseedor del secreto de la piedra filosofal es muy posterior a su muerte, no siendo hasta finales del siglo XV cuando al célebre parisino se le empezaron a atribuir grandes hazañas de naturaleza alquímica. De hecho, el libro más famoso que se le atribuye —*El libro de las figuras jeroglíficas*— no fue publicado hasta 1612. En él, Flamel describe cómo hacia 1355 habría caído en su poder un complejo manual de alquimia que habría empleado más de veinte años en descifrar, y ello con la ayuda de un anciano rabino con quien se habría reunido en España. Lo cierto es que, a partir de 1407, el misterioso Flamel se empeñó en una febril actividad filantrópica, financiando por todo lo alto la construcción y dotación de capillas, iglesias y hospitales en París. Cuenta la tradición que el mismísimo rey Carlos VI de Francia le pidió prestado oro y dinero, así como que tanto la tumba de su mujer como la suya fueran encontradas vacías después de su muerte, como si el librero hubiese descubierto el secreto de la inmortalidad. Sin embargo, si prescindimos de los elementos esotéricos que se le fueron añadiendo con el tiempo, la historia de Flamel no es probablemente más que la de un hombre que hizo fortuna con los negocios, además de un buen matrimonio.

En la época en la que vivió, el auge de las universidades hizo que el oficio de copista se volviese muy codiciado, y fue probablemente dicha actividad la que le proporcionó una discreta fortuna. Por otra parte, su mujer, Perenelle, había acumulado la herencia de dos matrimonios anteriores, lo que contribuyó no poco a la riqueza de la pareja. Con respecto a la biografía de Flamel, ciertamente el volumen de documentación histórica disponible es inusual para una persona que no era de ascendencia noble, pero es probable que su actividad filantrópica contribuyese a ello. En cuanto a su tumba, es muy posible que fuese saqueada tiempo después cuando el bulo de que era un alquimista de éxito comenzó a recorrer Europa. De hecho, se conserva su testamento, en el cual se muestra generoso, pero donde no hay rastro de la supuestamente fabulosa fortuna que habría amasado gracias a la alquimia. Es, por tanto, casi seguro que el Flamel alquimista no es sino una invención pergeñada dos siglos más tarde.

JOH. FRID. HELVETIUS.

Ein Hollaendischer Arzt, welcher sich in der letzten Haelfte des 17 Jahrhunderts bekant machte.

Grabado de Johann Friedrich Schweitzer, conocido como Helvetius, destacado médico y escritor alquímico del siglo XVII. Su legado perdura a través de sus obras sobre medicina y alquimia, que exploran los misterios de la naturaleza y la transmutación de metales.

Como vemos, la leyenda de Flamel fue a todas luces inventada en una época tan tardía como el siglo XVII, momento en el que algunos casos espectaculares de supuestas transmutaciones alquímicas llegaron a ser muy comentados y a estar en boca de todo el mundo. Un ejemplo de ello es la famosa anécdota que involucraba al médico y alquimista Helvétius —cuyo auténtico nombre era Johann Friedrich Schweitzer (1630-1709)—, quien en 1666 habría recibido la visita de un extraño desconocido provisto de una cajita en cuyo interior había trozos de una sustancia parecida al vidrio. El desconocido afirmaba que se trataba de pedazos de la piedra filosofal capaces de obtener ¡hasta veinte toneladas de oro!, pero se negó a darle lo más mínimo a Helvétius. Este, sin embargo, consiguió escamotear algunas partículas con las que habría conseguido convertir algo de plomo en vidrio. Semanas más tarde, el extraño regresó, accedió a entregarle al célebre médico un pequeño fragmento y le aconsejó que lo envolviese en cera amarilla antes de echárselo al plomo. Siguiendo las instrucciones, Helvétius habría transmutado algo de plomo en oro, consiguiendo que uno de los orfebres que trabajaban para el duque de Orange certificase que se trataba de oro de verdad. Contada por una persona de tanto prestigio como Helvétius, la historia corrió como la pólvora y contribuyó a mantener durante mucho tiempo la idea de que la piedra filosofal era una realidad. Además, y curiosamente, las declaraciones del médico holandés casi coincidieron en el tiempo con el descubrimiento del fósforo por el alquimista Hennig Brand (1630-1710) alrededor de 1669, un tipo de lo más peculiar que andaba buscando la mítica piedra... ¡en la orina humana!

Brand era uno de esos tipos fabulosos asociados a los albores de la Revolución Científica. En su juventud, había participado en la guerra de los Treinta Años y no debían de faltarle encantos, ya que se casó dos veces. Además, tanto la dote de su primera esposa como la riqueza de la segunda le permitieron dedicarse por entero a la que era su gran pasión: la alquimia. Con respecto a esta última, Brand era seguidor de una antigua y extravagante tradición según la cual, mezclando la orina humana con determinadas sustancias, era posible transformar metales vulgares

Sir Isaac Newton. Por Mezzotinta de J. MacArdell, 1760, según E. Seeman, 1726.

en oro y en plata[66]. Ni corto ni perezoso, el antiguo suboficial se puso a trastear en su laboratorio con cientos de litros de orina, sin que la historia haya registrado qué pudo pensar del asunto su sufrida esposa. El caso es que, a base de evaporar la orina para después calcinar el residuo, obtuvo al final del proceso nada menos que fósforo[67] blanco, una forma alotrópica[68] del primer elemento químico descubierto desde la Edad Media. Lo que el bueno de Brand había hecho sin saberlo era provocar la reacción de los fosfatos con los compuestos orgánicos presentes en la orina, liberando la nueva sustancia que brillaba en la oscuridad de forma fantasmal. Impresionado, Brand pronto se dio cuenta de que aquello no parecía servir para fabricar oro, pero era evidente que había descubierto algo verdaderamente importante. Como buen alquimista, intentó mantener su hallazgo en secreto, pero su vanidad le gastó una mala pasada, ya que no pudo evitar mostrar su tesoro a algunos familiares y allegados, lo que supuso que, al cabo de pocos meses, el relato circulase por toda Europa, lo que provocó sensación entre el mundo intelectual, algunos de cuyos miembros estaban convencidos de que se había descubierto la legendaria piedra filosofal.

Aunque al cabo de unos años quedó claro que la sustancia de Brand no era en realidad la mítica piedra, su historia y la del supuesto hallazgo de Helvétius alimentaron la creencia generalizada de que la alquimia tenía un trasfondo real, hasta el punto de que algunas de las mayores lumbreras del siglo XVII creían a pies juntillas en la utilidad de la ciencia oscura. Es el caso del mismísimo Isaac Newton (1643-1727), un auténtico adepto de quien se cree que pasaba más tiempo dedicado a explorar los secretos de la alquimia que a la nueva ciencia que estaba contribuyendo a crear. Puesto que la Corona británica castigaba con

---

66 En un libro escrito por un alquimista de Estrasburgo, Brand había leído que, utilizando alumbre, nitrato de potasio y orina concentrada, era posible convertir otros metales en plata. Si quieres, puedes intentarlo, aunque ya te aseguro yo que semejante receta no va a funcionar.

67 Del griego *phos* (luz) y *phoros* (traer). El fósforo es, pues, el «portador de luz».

68 Las formas alotrópicas son las distintas presentaciones físicas que puede tener un mismo elemento.

D. Teniers pinx!   THE CHYMIST   T. Major sculp!

To Richard Mead M. D. Physician in Ordinary to his Majesty. F. R. S.
This Print Ingrav'd from an Original Painting of the same Size by David Teniers,
is humbly Dedicated by his most Obedient Servant   Tho.s Major.

Publish'd May 7.th 1750.   London sold by the Author at the Golden Head,   in West Street the upper end of St. Martin's Lane.   N.º 7.

Un químico usando fuelles en un horno de su laboratorio.
Grabado de T. Major, 1750, según D. Teniers.

severas penas la práctica de la alquimia —temiendo que el oro se devaluase por causa de la circulación de oro falso—, el genio inglés intentaba no darle publicidad al asunto, pero, a través de la correspondencia que se ha conservado, sabemos que Newton, John Locke y Robert Boyle, es decir, nada menos que tres de los principales líderes de la Revolución Científica, intercambiaban de manera sistemática información sobre prácticas alquímicas a la chita callando. El gran Isaac, en concreto, llegó a escribir cientos y cientos de páginas sobre alquimia, aunque sus intereses al respecto parecían dirigirse más a lo que pudiésemos llamar una «incipiente química» que a la vieja y desacreditada ciencia oscura propiamente dicha. Sin embargo, parece fuera de duda que se sentía intrigado por los métodos de transformación de los metales y que no descartaba en absoluto la existencia real de la piedra filosofal. Muchos estudiosos piensan, incluso, que el pensamiento alquímico de Newton influyó en gran medida en sus ideas acerca del movimiento, las fuerzas y la gravedad.

Como vemos, y por extraño que pueda parecer hoy día, la esperanza en que la alquimia escondiese algo de verdad alcanzó uno de sus puntos culminantes dentro del ambiente intelectual justo cuando la idea estaba a las puertas de verse arrinconada casi para siempre por el advenimiento de la moderna química, cuyos pioneros fueron poniendo durante los siguientes ciento cincuenta años las bases de la ciencia más poderosa que el mundo haya conocido. En especial, el desarrollo del concepto de «elemento químico» puso en evidencia que otro metal no puede transformarse en oro mediante ningún procedimiento concebible, y no solo por razones técnicas, sino por una cuestión de principio. Un elemento no puede ser descompuesto en sustancias más simples, lo que impide que pueda ser «desmontado», para luego construir a partir de él otro elemento diferente. Por supuesto, los elementos se combinan para formar compuestos —de eso va la química—, pero no pueden transformarse los unos en los otros.

Sin embargo, he dicho «casi para siempre» porque los intentos más o menos pintorescos por revitalizar la alquimia han llegado hasta nuestros días. En concreto, durante el período de

Ernest Rutherford, presidente de la Royal Society de 1925 a 1930, sentado en el centro, junto a H.H. Dale de pie a la derecha, Sir Henry George Lyons, tesorero de la Royal Society de 1929 a 1939, sentado a la derecha, y otros dos compañeros de pie a la izquierda.

entreguerras del siglo XX hubo, sobre todo en Europa occidental, en algunos ambientes intelectuales cercanos al ocultismo, un curioso movimiento en el que se propugnaba que la alquimia no era en realidad más que una antiquísima ciencia portadora de algunos de los profundos secretos de la materia que, en la física moderna, se venía poniendo de manifiesto en los últimos años. Con esta corriente, se pretendía aprovechar el descubrimiento de que los átomos tenían una estructura interna que podía ser manipulada en determinadas condiciones para asegurar que la alquimia tenía un trasfondo de verdad. En efecto, el descubrimiento de la radiactividad por Becquerel y, sobre todo, la primera transmutación artificial confirmada de la historia, conseguida en 1919 por Ernest Rutherford, al obtener oxígeno como consecuencia del bombardeo de átomos de nitrógeno con partículas alfa[69], hicieron a los ocultistas y amantes de lo esotérico desempolvar los viejos tratados sobre alquimia. Por supuesto, los métodos de transmutación con los que estaban experimentando los científicos tenían muy poco que ver con los antiguos procedimientos de la ciencia oscura. Aquí no se trabajaba con hornos y retortas, sino nada menos que con aceleradores de partículas. Con herramientas de este tipo, en 1932 los ingleses Cockroft y Walton obtuvieron berilio al bombardear litio con protones ultrarrápidos y, en 1934, Joliot y Curie produjeron isótopos de fósforo y de silicio bombardeando aluminio. Asimismo, el descubrimiento del neutrón por James Chadwick en 1932 abría el camino para la escisión artificial de los núcleos atómicos, una tecnología que unos años más tarde metería de lleno a la humanidad en la era atómica. Obviamente, nada de esto tenía que ver con la alquimia, pero, siempre que aparece una ciencia nueva y desconocida, los partidarios de lo oculto ven en ella una buena posibilidad a la que aferrarse. En este caso, el «renacer» de la alquimia vino acompañado de la aparición de un supuesto nuevo maestro alquimista, el misterioso Fulcanelli.

---

69   Una partícula alfa es un núcleo de átomo de helio.

Frontispicio del libro *El Misterio de las Catedrales.*

La historia comienza en 1926, cuando el editor Jean Schemit dijo haber recibido la visita de un individuo que le hablaba de un lenguaje secreto escondido entre los muros de las catedrales góticas que se extienden por toda Europa. Según Schemit, semanas más tarde le llegó un manuscrito firmado por un tal Fulcanelli que le habría servido de base para publicar, en el transcurso de los siguientes tres años, *El misterio de las catedrales* y *Las moradas filosofales,* dos de las obras sobre ocultismo más famosas del siglo xx. En ellas, el autor defendía con innegable pericia que el simbolismo alquímico desempeña un papel importante en las esculturas y las vidrieras que adornan los antiguos templos medievales. En pocos años, Fulcanelli acumuló una auténtica legión de seguidores que, sin conocerlo, creían que se trataba de un hombre que habría logrado desentrañar los secretos de la materia, siendo capaz de hacer transmutaciones y habiéndose convertido en poco menos que inmortal. El ya legendario alquimista adquirió fama mundial a principios de la década de los sesenta, cuando el escritor francés Jacques Bergier desveló, en su célebre *bestseller El retorno de los brujos,* una supuesta conversación sucedida en la década de los treinta en la que alguien que podría ser el misterioso personaje habría intentado alertarlo acerca del peligro de manipular la energía del átomo, dando a entender que los alquimistas conocían el secreto desde hacía mucho tiempo. Después, no se tendrían más noticias de Fulcanelli hasta una supuesta reaparición en 2002, año en el que apareció una nueva obra firmada por el autor, a todas luces apócrifa.

¿Quién se escondía en realidad detrás del seudónimo de Fulcanelli? Mucho se ha especulado con el asunto, pero las pruebas apuntan hacia el pintor francés Julien Champagne, un ocultista que resultó ser el misterioso visitante que fue a ver a Schemit en 1926 y cuya caligrafía es prácticamente idéntica a la de algunos fragmentos manuscritos atribuidos al elusivo alquimista. Según esta hipótesis, Champagne se habría inventado el mito de Fulcanelli tal vez por vanidad, así como probablemente para ganar prestigio entre los ambientes esotéricos de la Francia de entreguerras. En cuanto a *El misterio de las catedrales y Las*

René Adolphe Schwaller de Lubicz (30 de diciembre de 1887 - 7 de diciembre de 1961), nacido como René Adolphe Schwaller en Alsacia-Lorena. Fue un egiptólogo y místico francés que popularizó la idea de la geometría sagrada en el antiguo Egipto. Estudió el arte y la arquitectura del Templo de Luxor y reflejó parte de su conocimiento en el libro *El Templo en el Hombre*.

moradas filosofales, ambas obras podrían estar inspiradas en los escritos de los eruditos y ocultistas franceses Pierre Dujols y René Adolphe Schwaller de Lubicz. Con respecto a *El retorno de los brujos,* se trata probablemente del libro que más haya contribuido durante la segunda mitad del siglo xx, y lo que llevamos del xxi, a mantener viva la esperanza en que la alquimia sea algo más que una vieja superchería. En efecto, a lo largo de una sección entera del libro, los autores se esfuerzan en mostrar las prácticas alquímicas como un procedimiento alternativo al método científico, basado en conocimientos milenarios tal vez procedentes de una civilización desaparecida. También hacen referencia a un par de incidentes que, como el ya comentado, apuntarían a que los viejos conocimientos de la alquimia rondaron el alumbramiento de la era atómica durante la Segunda Guerra Mundial. Por supuesto, nada de lo que hay en la obra maestra del llamado «realismo fantástico»[70] hace pensar en que realmente los alquimistas conocieran los secretos de la materia, pero lo cierto es que el libro ha tenido una gran influencia a lo largo de las últimas décadas.

Pero, dejando al margen los ambientes esotéricos, la pregunta definitiva es: «¿Puede el oro ser creado a partir de otros elementos?». Pues sí, la respuesta es afirmativa, porque lo cierto es que hoy día puede perfectamente fabricarse oro, por ejemplo, bombardeando mercurio con neutrones rápidos. La cuestión, claro está, es que transmutar artificialmente unos elementos químicos en otros supone echar mano de las reacciones nucleares, algo que nunca estuvo al alcance de los antiguos buscadores de la piedra filosofal. Como ya sabes, los átomos de un elemento están integrados por un núcleo que contiene protones y neutrones, rodeado de una nube de electrones. Como ya hemos visto, es el número de protones el que define al elemento químico, de modo que solo los átomos con 79 de ellos corresponden

---

70   El llamado «realismo fantástico» fue un subgénero literario que se hizo muy popular en los años sesenta y setenta del siglo xx. Consistía básicamente en proponer atractivas hipótesis seudocientíficas, tales como la existencia de civilizaciones desaparecidas con tecnología avanzada, a base de localizar hechos aislados sorprendentes o enigmáticos y sacarlos totalmente de contexto, estableciendo conexiones entre ellos sin prueba alguna.

79   **GOLD**   **Au**

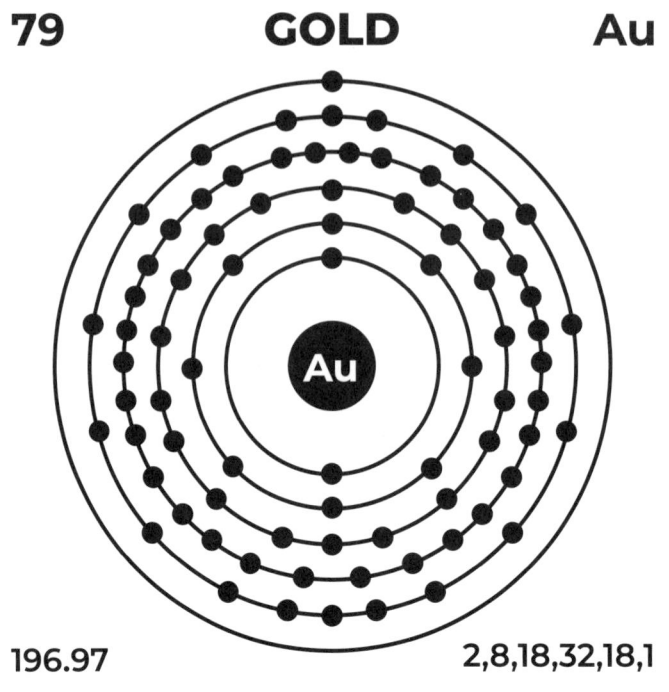

196.97   2,8,18,32,18,1

80   **MERCURY**   **Hg**

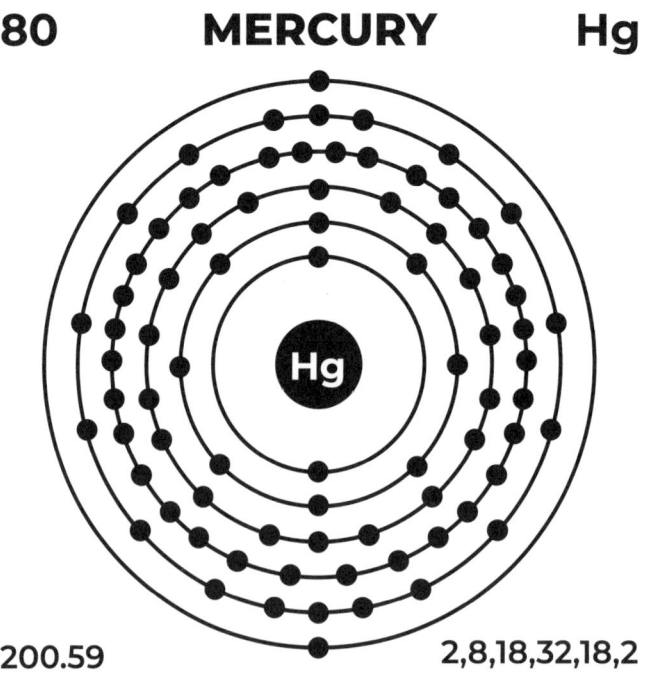

200.59   2,8,18,32,18,2

al oro. Por tanto, en principio basta con ensamblar 79 protones, junto con un número de neutrones suficiente como para estabilizarlos, para conseguir un núcleo de tan preciado elemento. O, lo que es mucho más fácil, simplemente podemos quitarle un protón a un átomo de mercurio (que tiene 80), o añadirle uno a un átomo de platino (que tiene 78). Ahora bien, como te puedes figurar, en la práctica, semejante proceso es bastante complicado. Añadir o arrancar un protón de un núcleo atómico estable requiere mucha energía, ya que tiene lugar como consecuencia de una reacción nuclear. Las reacciones químicas modifican la corteza electrónica de los átomos, pero dejan inalterado el núcleo. No existe ninguna reacción química que pueda cambiar el número de protones de un átomo y, por eso, los alquimistas nunca pudieron tener éxito, aunque ellos, naturalmente, no lo sabían.

Entonces, ¿cómo hacemos hoy día para fabricar oro? Dado que tenemos que atravesar la corteza de electrones e intentar meter o sacar un protón de un núcleo en el que las partículas están fuertemente ligadas[71], no nos queda otra que golpearlo con partículas de alta energía. Estas podemos conseguirlas, por ejemplo, a partir de sustancias radiactivas, mediante un reactor nuclear o un acelerador de partículas. Utilizando este último artilugio y bombardeando mercurio fue cómo, allá por 1924, el físico japonés Hantarō Nagaoka consiguió llevar a cabo por primera vez la largamente buscada hazaña. Unos años más tarde, en 1941, los estadounidenses Sherr, Bainbridge y Anderson obtuvieron una cantidad de oro más apreciable utilizando el famosísimo ciclotrón de la Universidad de Harvard. Desde entonces, el proceso se ha repetido muchas veces, aunque el oro obtenido de esta forma siempre es radiactivo. En cambio, bombardeándolo con núcleos atómicos de carbono y neón, en 1980 un equipo liderado por el estadounidense Glenn T. Seaborg (1912-1999), el

---

71 Dentro del núcleo, los protones y los neutrones se mantienen unidos por causa de la llamada «interacción fuerte», una de las cuatro fuerzas fundamentales de la naturaleza, extremadamente intensa a corta distancia. Las otras tres fuerzas son la gravedad, el electromagnetismo (que mantiene los electrones alrededor del núcleo) y la interacción débil, responsable de determinadas formas de desintegración nuclear.

más famoso «creador de elementos» que se ha registrado en la historia, fue capaz de transmutar un elemento llamado «bismuto» en una mezcla de isótopos que incluía el estable oro-197, ¡el mismísimo que integra la alianza de matrimonio que tal vez luzca en su dedo! Dado que en la tabla periódica el bismuto se encuentra pegadito al plomo, está claro que el mismo procedimiento puede emplearse en producir oro a partir de este último metal, al menos en teoría, de modo que puede afirmarse que la dos veces milenaria y legendaria crisopeya ha terminado por hacerse realidad[72].

¿Es posible obtener otros isótopos estables del oro, además del Au^{197}? Por desgracia, la respuesta es negativa. Una de las características peculiares de nuestro brillante elemento es que cualquier otra cantidad de neutrones que contenga hacen de él un elemento radiactivo. De hecho, conocemos hasta treinta y seis radioisótopos del oro, con masas atómicas entre 169 y 205. De entre todos, el que más aguanta sin desintegrarse es el oro-195, que tiene una vida media (tiempo requerido para que la mitad de una muestra se desintegre) de 186,1 días. En el otro extremo se encuentra el oro-171, cuya vida media es de tan solo 30 microsegundos.

Hoy día, la mayoría de los laboratorios no bombardean bismuto para obtener oro, sino que trabajan sobre el platino o sobre el mercurio, puesto que el procedimiento es más sencillo; de manera que, a modo de resumen, si quieres fabricar tu propio oro cual avezado alquimista, permíteme que te sugiera el siguiente procedimiento:

1. Construye un reactor nuclear que sirva como fuente de neutrones. Ya te voy avisando que, además del dincro que te va a costar, lo peor van a ser los permisos.

---

72 El hecho de que, después de todo, sea posible transformar el mercurio en oro ha hecho pensar a algunos que, en el fondo, había algo de verdad en la alquimia. Pero, en realidad, la razón por la que los alquimistas trasteaban con el mercurio y el oro era, simplemente, porque se trataba de dos de los pocos metales que tenían a mano.

2. Coloca mercurio o platino (esto último es carillo) en el reactor y ponlo en marcha. Después de mucho tiempo, conseguirás una ínfima cantidad de oro radiactivo.
3. Intenta descontaminar el oro. Claro, que no puedes hacerlo con métodos químicos, ya que el oro radiactivo tiene las mismas propiedades químicas que el que no lo es; así que, si descubres un buen método, me lo dices y nos forramos.
4. Como alternativa, siempre puedes esperar unos días a que tu oro deje de ser radiactivo, aunque esto suponga que también deje de ser oro (menuda faena).

A estas alturas, ya te habrás dado cuenta de que, desde el punto de vista económico, no tiene ningún sentido fabricar metales preciosos de esta manera. Obtener oro a partir de otros elementos es posible, pero se trata de un procedimiento de laboratorio escandalosamente costoso sin viabilidad comercial alguna. Por ponerte un ejemplo, en la fecha en la que el equipo de Seaborg llevó a cabo la famosa transmutación en el laboratorio nacional Lawrence Berkeley de California, el precio del gramo de oro en el mercado internacional era de unos veinte dólares, en tanto en cuanto el coste de producción de una cantidad equivalente mediante el acelerador de partículas Bevalac hubiese superado... ¡los 30 billones (con «b») de dólares, el equivalente a seis veces el producto interno bruto planetario en 1980! Créeme: aunque hayan pasado cuatro décadas, todavía no se vislumbra de qué modo este astronómico coste podría llegar a reducirse.

Condado de San Juan, Colorado, 1985. Laboratorio para fabricar oro a partir de mercurio.

A lomos del vil metal

La generalizada fascinación por el oro desde tiempos antiguos y el gran valor que le otorgaban las clases dirigentes hizo que, desde siempre, fuese muy fácil que fuese aceptado como instrumento de trueque. Dicho de otro modo, el oro podía cambiarse por cualquier cosa porque todo el mundo aceptaba cambiar cualquier cosa por oro. Por este motivo, cuando los metales fueron convirtiéndose de forma paulatina en el medio de cambio normalizado para las transacciones comerciales, el oro se convirtió por derecho propio en la referencia de los nuevos sistemas monetarios[73]. Podríamos preguntarnos por qué fueron los metales y no otra cosa lo que finalmente eligieron nuestros antepasados para sus intercambios, pero la verdad es que existen buenas razones para ello. Por lo general, se trata de materiales muy resistentes, difíciles de romper o desgastar, relativamente raros en relación con otros (así se evita la inflación) y que, a la vez, pueden fundirse y moldearse en forma de objetos manejables de tamaño estándar, como lingotes o monedas. Además, en muchos casos, no se estropean o lo hacen muy lentamente. Los antiguos tampoco conocían demasiados metales —básicamente, el oro, la plata, el cobre, el plomo, el estaño y sus aleaciones[74]—, pero sí los suficientes como para montar buenos sistemas monetarios. Y,

---

73   El propio término «moneda» está relacionado con el oro. En la mitología romana, la diosa Juno Moneta era la versión de Juno que se encargaba de proteger la riqueza. Los denarios (de donde viene la palabra «dinero») eran acuñados al lado de su templo.

74   También conocían el mercurio, pero este, por desgracia, es líquido. Uno no quiere dinero que se le pueda escapar entre los dedos.

Trites de electrón, acuñados en Sardis, la capital del reino de Lidia, entre el 610 y 546 a. C. Estas monedas representan un importante hito en la historia de la numismática, marcando el comienzo del uso de la moneda acuñada en la región de Anatolia y dando testimonio de la riqueza y sofisticación de la civilización lidia.

de entre todos ellos, el más escaso, más bello y al mismo tiempo más duradero era, por supuesto, el oro. Uno podía tener más o menos recelos a la hora de intercambiar su mercancía por otro material, pero ninguna en el caso de que se tratase del codiciado rey de los metales. De este modo, las primeras monedas de la historia, acuñadas probablemente a mediados del siglo VI a. C. en el reino de Lidia, en la costa del Asia Menor —los famosos «leones de Lidia», llamados así por la efigie del animal grabada en el anverso—, estaban hechas de electro. Es posible que la cercanía de Lidia a la antigua Frigia[75] influyese en la leyenda del rey

75   Frigia fue una antigua región de Asia Menor que, en su período de máximo esplendor, se extendía por buena parte de la península de Anatolia, en lo que hoy es Turquía.

Midas, quien convertía en oro todo lo que tocaba. Mas allá del mito, sabemos que uno de los dos Midas que realmente registra la historia vivió a finales del siglo VIII, lo que lo acerca bastante al amanecer del sistema monetario de Lidia. Algo más tarde, uno de los gobernantes de la próspera región, el famoso Creso, adquirió tal fama de potentado que hoy día se sigue diciendo de alguien que es «rico como Creso». Las primeras monedas de oro puro encontradas nos demuestran que los lidios eran muy capaces de purificar el extraordinario metal, que refinaban utilizando sal a temperaturas superiores a los 600 grados. A estas temperaturas, las impurezas de plata se combinan con la sal para formar vapor de cloruro de plata, que se desprende dejando un resto de oro con un alto grado de pureza.

Debido a sus evidentes ventajas para el comercio, una vez inventado el uso de la moneda, se extendió muy deprisa por la totalidad del Mundo Antiguo. La acuñación se convirtió rápidamente en todo un símbolo de poder, además de en un medio para controlar la economía, de modo que reyes, emperadores y todo tipo de dirigentes se apropiaron del monopolio de dicha actividad dentro de sus esferas de influencia. Multitud de ciudades e instituciones acuñaban su propia moneda con objeto de certificar su valor e incluso rivalizaban por el prestigio de sus cecas (los lugares en los que se acuñaban las monedas). Por supuesto, se emplearon diversos metales y aleaciones para confeccionar los distintos tipos de monedas en función del valor que representaban, pero el oro se mantuvo durante dos milenios y medio como la base de los sistemas monetarios del mundo entero. Como ya hemos dicho, la utilización más temprana del oro para acuñar moneda fue cosa del mundo griego. El mismísimo Homero menciona el «talento» (τάλαντον, *talanton*) como una unidad de medida relacionada fundamentalmente con el peso del oro; un vocablo que, con el tiempo, ha pasado a significar la capacidad de una persona para destacar en una tarea concreta. En cuanto al aspecto meramente monetario, los griegos se inclinaban más bien por la plata, pero Roma convirtió durante siglos el *aureus* en la moneda más potente y emblemática del planeta, una cuyas fluctuaciones están indisolublemente

Áureo de Lucio Cornelio Sila Félix (L. Sulla) y Lucio Manlio Torcuato (L. Manlius Torquatus), 82 a. C. Representa a Roma con casco y a Sila en una cuádriga triunfal. De la colección del Dr. Lawrence A. Adams. El áureo era una moneda de oro utilizada en la antigua Roma, especialmente durante el período republicano y el imperio temprano. Este tipo de moneda tenía un alto valor y era acuñada principalmente para transacciones importantes.

unidas al destino de la nación. El *aureus* fue introducido en el siglo I a. C., aunque su acuñación no se hizo frecuente hasta que Julio César fijó para él un peso estándar de ocho gramos. En ese momento, la moneda de oro equivalía a 25 denarios de plata pura y a 100 sestercios. Más adelante, Nerón redujo su peso a 7,3 gramos y, en la época del emperador Caracalla, no superaba los 6,5. Era una moneda escasa, dado que su valor equivalía en poder adquisitivo al de 2 billetes actuales de 500 euros, lo cual es mucho. Cuando el Imperio entró en decadencia, la inflación desbocada provocó que, a mediados del siglo IV, el valor del oro se multiplicase por un factor de 20 000 (¡!), algo que muchos consideran un factor fundamental para el hundimiento final de la mayor potencia de la Antigüedad.

La sucesora del *aureus* como moneda más popular y poderosa fue el *solidus,* la célebre moneda de oro del Imperio bizantino que introdujo el emperador Constantino, a la que ya hemos

Áureo acuñado en la Galia, destacando al emperador Anastasio I en el anverso, con su característico busto con casco y armadura, sosteniendo una lanza y un escudo decorado. En el reverso, se representa a Victoria de pie, sosteniendo una cruz, con una estrella de siete puntas en el campo izquierdo.

mencionado[76]. Se trataba de una moneda con una pureza del 99 %, similar a la del *aureus,* cuyo peso era de unos 4,5 gramos. Los califas, por su parte, intentaron hacerle la competencia al *solidus* con el dinar, que empezó a acuñarse a finales del siglo VII en el mundo árabe. Sin embargo, el testigo de la moneda de Constantinopla lo tomó en el año 1252 el florín de Florencia, que fue la moneda de referencia en Europa hasta el siglo XV, seguido a partir de entonces por el ducado veneciano; un tipo de moneda que más tarde fue utilizado por varias monarquías europeas, incluyendo la española. A medida que la economía se enganchaba más y más al oro, muchas turbulencias políticas

---

76   Esta moneda fue realmente introducida por Diocleciano, pero solo durante un breve período. Tanto el *aureus* como el *solidus* son monedas muy buscadas por los coleccionistas; por ejemplo, un raro *aureus* emitido por Marco Junio Bruto —el asesino de César— en 42 a. C. alcanzó el precio de tres millones y medio de dólares en una subasta en el año 2020.

quedaban indisolublemente ligadas a los altibajos del precio del metal precioso. De esta forma, y aunque dicho precio solía mantenerse estable durante largos períodos de tiempo, hubo momentos en los que se produjeron distorsiones considerables, como la provocada por el legendario Musa I de Mali (c. 1280 - c. 1337), más conocido como Mansa Musa («Rey de reyes» Musa). Cuando pensamos en alguien inmensamente rico, literalmente cubierto de oro, siempre nos vienen a la cabeza personajes como Creso, Atahualpa o algún faraón egipcio. Sin embargo, la persona que más oro ha llegado a tener a lo largo de la historia ha sido este singular gobernante africano medieval. Considerado como el hombre más rico que haya existido, Musa gobernó a principios del siglo XIV el Imperio de Mali, una vasta zona de África noroccidental que incluía territorios de lo que hoy son Mali, Mauritania, Senegal, Gambia y Guinea, que producían la mitad del oro y la sal que se comercializaban entonces en el mundo.

Antiguo grabado que muestra una caravana en peregrinación a la Meca.

Como todo musulmán devoto, Musa realizó en 1324 una peregrinación a La Meca, que lo convirtió en un personaje célebre en todo el Mediterráneo, llegando a aparecer una representación suya sosteniendo una pepita de oro[77] en el *Atlas catalán* de 1375. Perfectamente documentadas, las crónicas de la peregrinación nos hablan de un Musa acompañado por un séquito de decenas de miles de personas y animales, todos ellos mantenidos por el potentado gobernante y portadores de grandes cantidades de oro. Allá por donde pasaba, el riquísimo rey de reyes hacía generosas donaciones, regalaba ingentes cantidades del precioso metal a los pobres, intercambiaba objetos de poco valor por oro y construía nuevas mezquitas a su costa. La avalancha de oro fue tal que desestabilizó la economía de ciudades como El Cairo o Medina durante casi una década, lo que provocó la devaluación del oro, así como una hiperinflación galopante. En las crónicas se cuenta que, alarmado por lo que estaba sucediendo a su alrededor, el generoso gobernante se dedicó a tomar prestado todo el metal precioso que pudo a tipos de interés elevados, con objeto de retirarlo del mercado. Nunca un solo hombre había controlado o volvería a controlar el precio del oro como hizo el bueno de Musa hace setecientos años. Como ya hemos visto en los anteriores capítulos, de forma simultánea a la difusión de las monedas, comenzaron importantes actividades delictivas como la falsificación, y también otras menos comprometidas pero, a la larga, tanto o más peligrosas, como el limado de los bordes con vistas a hacerse con un buen puñado de virutas de oro o de plata.

Esta última práctica llegaría a ser tan frecuente que se establecieron penas muy duras para los infractores, hasta que ya en el siglo XVII se introdujeron en las monedas europeas las ranuras en los bordes para evitar que se limasen. Era tal la confianza de la gente en el oro como medio básico para el inter-

---

77   El *Atlas catalán* es un libro del siglo XIV que contiene mapas manuscritos que representan en su conjunto todo el mundo conocido por los europeos en aquella época. Se conserva en la Biblioteca Nacional de Francia en París y es, por derecho propio, una de las obras cartográficas fundamentales de la Edad Media.

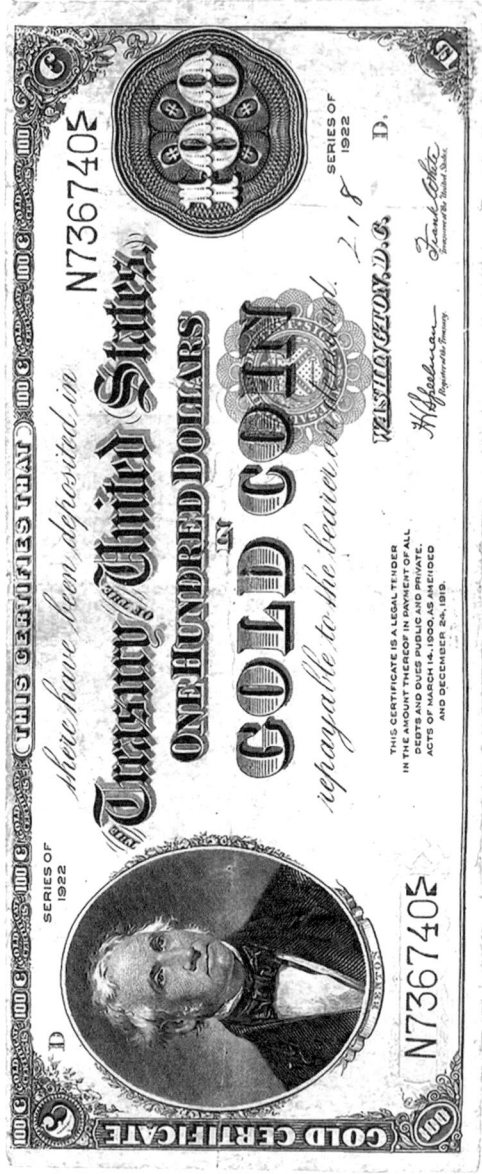

Billetes de 100 dólares emitido en 1922. Se incluía una cláusula que permitía a los portadores reclamar al Gobierno la cantidad correspondiente en oro o plata. Reflejaba el respaldo del dinero fiduciario por metales preciosos antes de la abolición del estándar oro en Estados Unidos en la década de 1930.

cambio que ni siquiera la introducción del papel moneda cambió esa circunstancia. De hecho, la clave de este último era que representase la equivalencia a una cierta cantidad de oro que, tal y como se rezaba, por ejemplo, en el anverso de los billetes estadounidenses de 100 dólares de 1922, el portador podía reclamarle al Gobierno emisor bajo demanda. En relación con esto último, hay que decir que uno de los gobiernos cuya trayectoria política y económica ha estado desde sus orígenes más íntimamente ligada al rey de los metales no es otro que el de Estados Unidos, cuya Revolución se vio dificultada por las escasas reservas de oro presentes en las Trece Colonias. En efecto, los apenas doce millones de dólares que atesoraban entre todas apenas daban para sostener las transacciones diarias, lo que hacía francamente difícil que afrontasen una contienda. Por fortuna, el intrépido Gobierno revolucionario recibió depósitos de oro procedentes de Francia y de Holanda —naciones estas siempre dispuestas a hacerle la pascua a Inglaterra—, lo que finalmente le permitió financiar su guerra de la Independencia. Eso sí, como la flamante república no podía ni siquiera pagar a sus soldados, terminó por ofrecerles tierras, que de eso tenía de sobra. Es probable que se tratase de la última vez en la historia que a las tropas se les haya pagado sus servicios de esa manera, por lo menos de forma generalizada.

Más tarde, durante la Guerra Civil, y debido a que la gente se guardaba las monedas de oro y plata «por si las moscas», al Gobierno federal no le quedó otra que emitir papel moneda con poco respaldo, aunque peor fue el caso de la Confederación, que comenzó la ahora muy habitual práctica de hacerlo únicamente con el respaldo de la confianza en la economía de la nación. Esa buena fe de los ciudadanos confederados resultó de corto recorrido, sobre todo teniendo en cuenta que los federales inundaron el mercado de billetes falsos como arma de guerra. Al final de esta, el presidente confederado, Jefferson Davis, y su secretario del Tesoro, George Trenholm, se vieron involucrados en una turbia y confusa huida cargados con un auténtico tesoro, aunque lo cierto es que, cuando Davis fue capturado, ya se había gastado todo en pagar a sus últimos soldados. Asimismo, durante

UNDER EXECUTIVE ORDER OF THE PRESIDENT

issued April 5, 1933

all persons are required to deliver

ON OR BEFORE MAY 1, 1933

all GOLD COIN, GOLD BULLION, AND GOLD CERTIFICATES now owned by them to a Federal Reserve Bank, branch or agency, or to any member bank of the Federal Reserve System.

Executive Order

FORBIDDING THE HOARDING OF GOLD COIN, GOLD BULLION AND GOLD CERTIFICATES.

By virtue of the authority vested in me by Section 5(b) of the Act of October 6, 1917, as amended by Section 2 of the Act of March 9, 1933, entitled "An Act to provide relief in the existing national emergency in banking, and for other purposes", in which amendatory Act Congress declared that a serious emergency exists, I, Franklin D. Roosevelt, President of the United States of America, do declare that said national emergency still continues to exist and pursuant to said section do hereby prohibit the hoarding of gold coin, gold bullion, and gold certificates within the continental United States by individuals, partnerships, associations and corporations and hereby prescribe the following regulations for carrying out the purposes of this order:

Section 1. For the purposes of this regulation, the term "hoarding" means the withdrawal and withholding of gold coin, gold bullion or gold certificates from the recognized and customary channels of trade. The term "person" means any individual, partnership, association or corporation.

Section 2. All persons are hereby required to deliver on or before May 1, 1933, to a Federal reserve bank or a branch or agency thereof or to any member bank of the Federal Reserve System all gold coin, gold bullion and gold certificates now owned by them or coming into their ownership on or before April 28, 1933, except the following:

(a) Such amount of gold as may be required for legitimate and customary use in industry, profession or art within a reasonable time, including gold prior to refining and stocks of gold in reasonable amounts for the usual trade requirements of owners mining and refining such gold.

(b) Gold coin and gold certificates in an amount not exceeding in the aggregate $100.00 belonging to any one person; and gold coins having a recognized special value to collectors of rare and unusual coins.

(c) Gold coin and bullion earmarked or held in trust for a recognized foreign government or foreign central bank or the Bank for International Settlements.

(d) Gold coin and bullion licensed for other proper transactions (not involving hoarding) including gold coin and bullion imported for reexport or held pending action on applications for export licenses.

Section 3. Until otherwise ordered any person becoming the owner of any gold coin, gold bullion, or gold certificates after April 28, 1933, shall, within three days after receipt thereof, deliver the same in the manner prescribed in Section 2; unless such gold coin, gold bullion or gold certificates are held for any of the purposes specified in paragraphs (a), (b) or (c) of Section 2; or unless such gold coin or gold bullion is held for purposes specified in paragraph (d) of Section 2 and the person holding it is, with respect to such gold coin or bullion, a licensee or applicant for license pending action thereon.

Section 4. Upon receipt of gold coin, gold bullion or gold certificates delivered to it in accordance with Sections 2 or 3, the Federal reserve bank or member bank will pay therefor an equivalent amount of any other form of coin or currency coined or issued under the laws of the United States.

Section 5. Member banks shall deliver all gold coin, gold bullion and gold certificates owned or received by them (other than as exempted under the provisions of Section 2) to the Federal reserve banks of their respective districts and receive credit or payment therefor.

Section 6. The Secretary of the Treasury, out of the sum made available to the President by Section 501 of the Act of March 9, 1933, will in all proper cases pay the reasonable costs of transportation of gold coin, gold bullion, or gold certificates delivered to a member bank or Federal reserve bank in accordance with Sections 2, 3, or 5 hereof, including the cost of insurance, protection, and such other incidental costs as may be necessary, upon production of satisfactory evidence of such costs. Voucher forms for this purpose may be procured from Federal reserve banks.

Section 7. In cases where the delivery of gold coin, gold bullion or gold certificates by the owners thereof within the time set forth above will involve extraordinary hardship or difficulty, the Secretary of the Treasury may, in his discretion, extend the time within which such delivery must be made. Applications for such extensions must be made in writing under oath, addressed to the Secretary of the Treasury and filed with a Federal reserve bank. Each application must state the date to which the extension is desired, the amount and location of the gold coin, gold bullion and gold certificates in respect of which such application is made and the facts showing extension to be necessary to avoid extraordinary hardship or difficulty.

Section 8. The Secretary of the Treasury is hereby authorized and empowered to issue such further regulations as he may deem necessary to carry out the purposes of this order and to issue licenses thereunder, through such officers or agencies as he may designate, including licenses permitting the Federal reserve banks and member banks of the Federal Reserve System, in return for an equivalent amount of other coin, currency or credit, to deliver, earmark or hold in trust gold coin and bullion to or for persons showing the need for the same for any of the purposes specified in paragraphs (a), (c) and (d) of Section 2 of these regulations.

Section 9. Whoever willfully violates any provision of this Executive Order or of these regulations or of any rule, regulation or license issued thereunder may be fined not more than $10,000, or, if a natural person, may be imprisoned for not more than ten years, or both; and any officer, director, or agent of any corporation who knowingly participates in any such violation may be punished by a like fine, imprisonment, or both.

This order and these regulations may be modified or revoked at any time.

FRANKLIN D ROOSEVELT

THE WHITE HOUSE
April 5, 1933.

For Further Information Consult Your Local Bank

GOLD CERTIFICATES may be identified by the words "GOLD CERTIFICATE" appearing thereon. The serial number and the Treasury seal on the face of a GOLD CERTIFICATE are printed in YELLOW. Be careful not to confuse GOLD CERTIFICATES with other issues which are redeemable in gold but which are not GOLD CERTIFICATES. Federal Reserve Notes and United States Notes are "redeemable in gold" but are not "GOLD CERTIFICATES" and are not required to be surrendered.

Special attention is directed to the exceptions allowed under Section 2 of the Executive Order

CRIMINAL PENALTIES FOR VIOLATION OF EXECUTIVE ORDER
$10,000 fine or 10 years imprisonment, or both, as provided in Section 9 of the order

Secretary of the Treasury.

la Gran Depresión de principios de los años treinta del siglo xx, el Gobierno se sacó de la manga la famosa Gold Confiscation Act, que le permitía confiscar el oro entonces en manos privadas sustituyéndolo por billetes de la Reserva Federal, hasta el punto de que era ilegal atesorar el precioso metal en casa. Como vemos, pocos gobiernos han mostrado más apetito por el oro que el de la gran nación americana.

Pero, volviendo a la historia de los sistemas monetarios, a medida que el volumen de la economía global crecía, se hizo evidente que no se podía cambiar directamente el dinero circulante por el metal precioso y, por ello, a finales del siglo xix, se creó un «patrón oro» de referencia para un sistema monetario internacional en el que el valor del dinero quedaba fijado por la paridad de cada moneda con respecto al rey de los metales. El primer país en adoptar el estándar dorado fue, como era de esperar, Gran Bretaña, la primera gran potencia industrial del mundo, que lo introdujo en 1819. Estados Unidos no lo haría hasta 1834, aunque fuese solo *de facto,* ya que hubo que esperar a 1900 para que lo hiciera *de iure.* Pero lo importante es que el precio del oro quedó fijado desde la primera fecha en 20,67 dólares la onza, y a esa cantidad se cambiaría el oro por dólares durante cien años, hasta 1933[78]. Siguiendo el ejemplo de los anglosajones, la mayoría del resto de las naciones del planeta fue adoptando el patrón, sobre todo a partir de 1870 y, durante los siguientes treinta y cinco años, el mundo gozó de un crecimiento económico sin precedentes, con un nivel de inflación ridículo[79].

Los beneficios y ventajas del patrón oro a todo el mundo le parecían evidentes. A la mencionada inflación irrisoria, consecuencia de que la producción de oro era muy limitada y de que los países participantes garantizaban la convertibilidad de su moneda en el metal precioso (lo que impedía que se fabricase

---

78 Como consecuencia de los problemas ocasionados por la Gran Depresión, ese mismo año el Gobierno de Estados Unidos prohibió durante algún tiempo acaparar oro a cualquiera que no lo utilizase con fines profesionales (joyeros o dentistas), bajo pena de 10 000 dólares de multa o, alternativamente, ¡diez años de prisión!

79 Durante el llamado período «clásico» del patrón oro, entre 1880 y 1914, la inflación en Estados Unidos fue, en promedio..., ¡del 0,1 % anual!

mucha moneda y, por tanto, que subiesen demasiado los precios), el sistema garantizaba que los precios se moviesen en todo
el mundo al unísono, dado que el tipo de cambio entre las diferentes monedas también era fijo (por ejemplo, si el precio del
oro en dólares americanos era de 20,67 y, en libras esterlinas, de
3 libras, 17 chelines 10$^{1/2}$ la onza, entonces la libra se cambiaba
a 4,867 dólares, un año detrás de otro). Sin embargo, las bon-
dades del estándar dorado también contenían el germen de su
propia destrucción. Si se producía una crisis económica en un
país, debido a la inamovible paridad de las divisas, el problema
se contagiaba a los demás y, además, en caso de que por alguna
razón aumentase súbitamente el *stock* de oro global (caso de las
fiebres del oro en California y en Australia), los precios se vol-
vían muy inestables a corto plazo. Con todo, la situación se mantuvo relativamente estable hasta que el enorme endeudamiento
de las potencias implicadas en la Primera Guerra Mundial hizo
imposible respaldarlo directamente con las limitadas reservas
de oro. A partir de la Segunda Guerra Mundial, se pasó a un
sistema en el que el dólar americano hacía de puente —el llamado «sistema de Bretton Woods», en honor al lugar en donde
fue establecido—, hasta que, con objeto de corregir la inflación
y el déficit comercial de Estados Unidos, así como para financiar
la guerra de Vietnam, en agosto de 1971, el presidente Richard
Nixon decidió que la Reserva Federal abandonase la convertibilidad entre el oro y el dólar. En la actualidad, el sistema monetario internacional se basa en un mecanismo de «monedas flo-
tantes», fundamentado en algo tan intangible como la confianza
que los mercados puedan tener en la economía de los Estados
que las respaldan (moneda fiduciaria). El último país en abandonar la convertibilidad entre su moneda y el oro fue Suiza, en
1999. La preocupación por los efectos de la inflación, cuando
esta sube del 5 %, y la colección de «burbujas» a las que la economía global se ha enfrentado en las últimas décadas, hace que,
de vez en cuando, se renueve el interés por el viejo patrón oro,
aunque la verdad es que las reservas existentes ya no pueden en
modo alguno sostener la gigantesca economía mundial.

Pero que no puedan sostenerla no significa que ya no desempeñen ningún papel. De hecho, las turbulencias de los últimos años han hecho que los bancos centrales estén volviendo a comprar oro a marchas forzadas ante las incertidumbres que acechan al sistema monetario global y, más en concreto, el tambaleante papel del dólar como divisa de reserva. Esto no es la primera vez que pasa ya que, si los pilares de algún sistema preponderante empiezan a fallar, el dinero siempre pasa a buscar refugio en el oro; no en vano, lleva milenios haciéndolo. Por poner un ejemplo de lo que está sucediendo, en 2023 la proporción de reservas globales de divisas en oro se acerca al 10 %, una cifra muy superior a la que corresponde a la libra esterlina o el yuan chino. Al mismo tiempo que los bancos centrales han ido reduciendo paulatinamente la tenencia de dólares, van aumentando sus reservas de oro a un ritmo de varias decenas de toneladas mensuales, hasta el punto de que ahora mismo se quedan con alrededor de un tercio de la producción mundial. La demanda es especialmente sólida en los países con economías emergentes. Pero hay más: de un tiempo a esta parte, las nuevas monedas digitales están encontrando en el oro a su mejor aliado. Así, bancos centrales de países con un elevado nivel de inflación crónica se están planteando crear monedas digitales de curso legal cuyo valor quede ligado al de la reserva nacional de oro. Estas criptomonedas «oficiales» se añadirían a *stablecoins*[80] ya existentes, como Goldcoin (GLC) o Meld Gold (MCAU), respaldadas por reservas de oro en manos privadas o por la cotización del oro en el mercado internacional. En términos generales, puede definirse el mercado actual del oro como gigantesco; no en vano, se trata del segundo metal, después del hierro, más comercializado del mundo, por un montante total de casi doscientos mil millones de dólares cada año. Una sola tonelada de oro cuesta la friolera de 63 000 millones, aproximadamente. Los inversores utilizan

---

80 Una stablecoin es un nuevo tipo de criptomonedas asociado al valor de una moneda de prestigio (como el dólar o el euro) o al de bienes materiales (como el oro o los inmuebles), con vistas a ofrecer un cierto refugio a los inversores frente a la gran volatilidad del mercado «cripto».

de forma masiva el preciado metal como medio para diversificar el riesgo y lo hacen, fundamentalmente, a través de contratos de futuros y derivados[81]. Desde 1919, la referencia más corriente para determinar el precio del oro es el llamado London Gold Fixing, dos reuniones telefónicas diarias de representantes de cinco firmas que son miembros[82] del London Bullion Market (LBMA), el principal mercado de inversión en metales preciosos, bien supervisado por el Banco de Inglaterra. Una de las misiones del LBMA es publicar las especificaciones Good Delivery, que vienen a decirnos cómo tienen que ser las características de los lingotes de oro y de plata para que entren en el mercado como Dios manda. Si consigues refinar los metales preciosos dentro de esas especificaciones, tu refinería entrará en la Good Delivery List, y todo el mundo se fiará del oro que vendes, eso sí, siempre que pase por la custodia del LBMA. Si se escapa de ella y luego vuelve, hay que reevaluarlo, no vaya a ser que a alguien le haya dado por meterle tungsteno o algo por el estilo (véase «Dándole al prójimo gato por liebre»).

American Eagle Gold de 2018 [Viktor Kunz].

---

81   Los contratos de futuros son compromisos para intercambiar un activo concreto, por ejemplo, un metal precioso, en una fecha futura y a un precio determinado. Los derivados, por su parte, son productos financieros cuyo valor se basa en el precio de otro activo, en este caso el oro.

82   ¿Y quiénes son estos miembros? Pues bancos de dimensión internacional, grandes distribuidores y refinerías de metales preciosos.

La Fábrica Nacional de Moneda y Timbre-Real Casa de la Moneda
acuñó en 2021 su primera moneda bullion de oro.

En materia de coleccionismo e inversión, las monedas de oro han tenido y siguen teniendo una enorme presencia en nuestros días, al mismo nivel que los lingotes o incluso más, dada la mayor facilidad con la que estos últimos pueden falsificarse, especialmente los grandes (véase «Dándole al prójimo gato por liebre»). Además, y dado que no se utilizan para intercambios, las llamadas monedas *bullion*[83] pueden contener, y de hecho contienen, una proporción de oro que las acerca a la pureza. Entre las *bullions* de oro más populares que se acuñan en la actualidad con estos fines, todas ellas bellísimas y con un aspecto soberbio, se encuentran la American Eagle Gold, el Gold Sovereign británico y el Krugerrand sudafricano. La primera de ellas es una moneda hecha de oro de 24 quilates, mientras que las otras dos son de 22. Otras monedas de colección-inversión famosas son la austriaca de la Filarmónica de Viena, el French Napoleon, el Gold Panda chino y el Gold Nugget australiano. La de mayor pureza sea quizá la Gold Maple Leaf canadiense, con un 99,999 % de oro, seguida de la American Buffalo estadounidense, que alcanza el 99,99 %. En el año 2021, la Fábrica Nacional de Moneda y Timbre española acuñó su primera moneda *bullion* de oro, uniéndose al selecto grupo de países que las emiten. En España, al igual que en toda la Unión Europea, la compraventa de oro está exenta del impuesto sobre el valor añadido, algo que sin duda aumenta su atractivo.

---

83   El término se refiere a aquellas monedas acuñadas con metales preciosos cuyo propósito no es la circulación, sino el almacenamiento y la inversión.

Los florines de Eduardo III se acuñaron durante un breve período de aproximadamente seis meses, y la gran mayoría de ellos fueron fundidos cuando fueron retirados de circulación. Debido a esta circunstancia, solo unos pocos ejemplares han sobrevivido, lo que los convierte en unas de las monedas más raras y valiosas en la historia.

Por supuesto, más allá del valor económico que les atribuye el mercado debido al oro que contienen, hay monedas por las que los coleccionistas han pagado y pagan auténticas barbaridades, ya sea por su antigüedad, por su rareza o por ambas cosas. Ejemplos de ello son los 700 000 dólares que se pagaron en 2006 por un florín de Eduardo III de Inglaterra, los 3 700 000 pagados en 2011 por un dinar omeya, los 3 800 000 por los que se vendió un estatero griego en 2015 o los 7 700 000 resultantes de la subasta en 2002 de un águila doble estadounidense de 1933, modelo Saint-Gaudens, que constituye el récord absoluto hasta la fecha. Otra característica del oro que resulta prácticamente única es que no hace falta que esté en forma de monedas o lingotes para utilizarlo como moneda de intercambio. De hecho, el rey de los metales es casi la única cosa que todos estamos dispuestos a aceptar a cambio de algo. Tanto es así que, por ejemplo, a lo largo de la historia, muchos marineros llevaban pendientes de oro puro para poder pagarse una cristiana sepultura en caso de naufragio y, en un incidente tan reciente como la caótica evacuación del aeropuerto de Kabul en 2021, con miles de personas intentando escapar de los talibanes, llevar oro encima fue a veces la diferencia entre que te dejaran subir a un avión o no.

Las historias en las que los fugitivos de revoluciones, guerras y golpes de Estado consiguen escapar cambiando su oro por un salvoconducto o se hacen con las suficientes vituallas y equipamiento como para sobrevivir son innumerables, algunas tan célebres como la huida de Alemania de Lise Meitner (1878-1968). Nacida en Austria, Meitner fue una genial científica de origen judío que llevaba varias décadas trabajando en Alemania con su colega Otto Hahn cuando, tras la anexión de su país en 1938, se vio obligada como tantos otros a escapar de los nazis. La tarea no era fácil, pero el oro vino en su auxilio en forma de un anillo de 18 quilates que pertenecía a la madre de Hahn. Este último había sido el principal colaborador de Lise durante treinta años, por lo que no tuvo ningún reparo en ayudarla. Por suerte para ella, pocas personas son capaces de resistirse al enorme poder de atracción del oro, y los guardas fronterizos que vigilaban la frontera holandesa no eran una excepción. Ya a

Lise Meitner (1878-1968) fue una destacada física austriaca y una de las principales científicas del siglo xx. Reconocida por su contribución en el campo de la física nuclear, su trabajo fue fundamental para el descubrimiento de la fisión nuclear.

salvo en Holanda, Meitner se las arregló para llegar hasta Suecia, donde entró a trabajar en un inhóspito laboratorio adjunto a la Universidad de Estocolmo. Desde allí se carteaba con su amigo Hahn, que la ponía al día de todo lo que se cocía en su laboratorio. Fue así como se informó de que su viejo colega había conseguido obtener un elemento llamado «bario» a partir del bombardeo con neutrones de muestras de uranio. La brillante Lise no entendía nada. El tamaño del átomo de bario es la mitad que el del uranio. ¿Qué demonios estaba sucediendo? Por fortuna, al sobrino de Meitner, Otto Robert Frisch, que a la sazón residía en Copenhague, le dio por visitarla esas Navidades. Otto Robert también era físico, y casi tan inteligente como su tía. Un día, caminando por el bosque nevado, ambos genios llegaron a una conclusión que cambiaría el mundo para siempre. Los resultados de Hahn solo podían significar una cosa: que el átomo de uranio se había «partido en dos»[84]. Así que ya lo saben: incluso el descubrimiento de la fisión nuclear y el advenimiento de la era atómica están relacionados con lo fácil que resulta sobornar a un par de codiciosos guardias con un pequeño anillo de oro.

---

84 En los experimentos de Hahn, cada núcleo de los átomos de uranio-235 se fisionaba, lo que daba lugar a un núcleo de bario-141 y otros de kriptón-92, con la emisión de tres neutrones. ¡Son estos neutrones los que pueden dar lugar a la reacción en cadena que está detrás de una explosión atómica!

El rey midas y el becerro de oro

Si hay un material que ha protagonizado los mitos y las leyendas fabricadas por la humanidad a lo largo de los siglos, ese ha sido sin duda el oro, el más fascinante y codiciado de los metales. Su protagonismo en el acervo cultural de nuestra especie es prácticamente tan antiguo como la misma civilización, ya sea entre las viejas culturas del creciente fértil, en lugares tan alejados como China y Centroamérica o en las sofisticadas Roma y Grecia.

Con respecto a esta última, probablemente los dos mitos clásicos más conocidos en relación con el oro sean el de Jasón y los argonautas y el del rey Midas, el gobernante frigio con un «toque de oro» en sus manos a quien ya hacíamos referencia en el capítulo anterior. Como hemos mencionado, en realidad existieron al menos dos Midas históricos, ambos gobernantes de Frigia, pero ambos muy posteriores al Midas mitológico, quien de acuerdo con las fuentes disponibles habría vivido, en caso de ser real, en algún momento de mediados del segundo milenio antes de nuestra era. Hay muchas versiones de la leyenda de Midas, algunas de ellas claramente contradictorias, pero en todas se acaba haciendo referencia, de una forma u otra, al famoso episodio relatado por el poeta romano Ovidio, según el cual el sátiro Sileno fue encontrado ebrio y llevado ante el famoso rey, que le ofreció su hospitalidad durante 10 días. El dios Dioniso, agradecido por el tratamiento que se le había dispensado a quien había sido su viejo maestro, le dijo a Midas que pidiese un deseo, a lo que el frigio contestó que le gustaría que todo lo que tocase se convirtiera en oro. Al principio, el rey

Rex Phrigiæ stolidus verti cupiebat in auru[m]
Omne, quòd admota tangeret ipse manu:

It cito poenituit voti cum deniq, poßet
Nec releuare famem, nec releuare sitim

Encuentro entre Midas, rey de Frigia, y Baco: Grabado al aguafuerte que representa el legendario encuentro entre el rey Midas y el dios Baco. Según la mitología griega, Midas fue bendecido con el don de convertir todo lo que tocaba en oro, un poder otorgado por Baco como recompensa por su hospitalidad. Sin embargo, este don resultó ser una carga, y Midas tuvo que rogar a Baco que lo liberara. Esta escena captura el momento en que Midas ruega a Baco que revierta su don, simbolizando la lección sobre la verdadera riqueza y la naturaleza del deseo humano.

disfrutó entusiasmado de su nuevo poder, con el que, por ejemplo, convirtió en el precioso metal todas y cada una de las rosas de su jardín. Sin embargo, cuando comprobó que su comida y su bebida también se transformaban en oro —por no mencionar cuando convirtió a su hija en una estatua dorada—, comprendió lo estúpido de su elección. Rezó pues a Dioniso, para que las cosas volviesen a ser como antes, a lo que el dios accedió. Todo lo que tenía que hacer Midas era lavarse las manos en el río Pactolo (hoy Sart Çayi, en Turquía). Nada más tocar las aguas, el atribulado rey vio cómo su poder se transfería al río, cuyas arenas se volvieron doradas. Como ya hemos dicho, existen otras versiones del mito. Según Aristóteles, por ejemplo, Dioniso hizo oídos sordos a la plegaria del pobre Midas, que terminó muriendo de inanición, mientras que en otras versiones se apunta a que el rey, ya muy decepcionado con la riqueza, abandonó el trono, convirtiéndose en adorador del dios Pan[85].

Como es habitual, el origen de los mitos a menudo puede relacionarse con algún suceso o circunstancia real, y este caso no es una excepción. Así, lo más probable es que la leyenda del rey Midas esté unida al hecho de que, en la Antigüedad, el río Pactolo era extraordinariamente rico en pepitas de oro y electro. Es prueba de ello el que, históricamente hablando, Aliates de Lidia, padre del mismísimo Creso, acumuló una inmensa riqueza y es considerado como el primer gobernante que acuñó monedas hechas de esta última aleación —los célebres «leones de Lidia»—, gran parte de la cual se obtenía del famoso río. El propio Aliates consideraba abiertamente al Midas legendario como su antepasado, lo cual sin duda contribuyó a perpetuar el mito. Por otro lado, es interesante el hecho de que, en las tumbas de alto estatus del entorno de los Midas históricos, se han encontrado numerosos objetos de latón, un tipo de aleación cuya fabricación requiere una tecnología al alcance de pocos Estados de la época. Es lógico pensar que los reyes frigios no se dejarían engañar por el pérfido metal, pero es muy probable que el empleo del latón se convir-

---

85   Lo cual está relacionado con otra historia, la de Midas ganándose unas orejas de burro por ofender a Apolo. El pobre hombre no ganaba para disgustos...

Creseida de oro, circa 561-546 a. C.

tiese en una fuente de rumores que contribuyesen a extender por el extranjero la leyenda de un reino bañado en oro.

En el caso del relato de Jasón y los argonautas, los autores clásicos narran la búsqueda por parte de los protagonistas del vellocino de oro o cuero de Crisómalo, un carnero alado cuya lana estaba hecha de tan noble metal. Jasón y sus compañeros tuvieron que ir a buscarlo a la lejana tierra de la Cólquida[86], corriendo toda suerte de aventuras. Ha habido muchos intentos de interpretar este mito en términos pragmáticos, dado que, por ejemplo, es sabido que, en las costas del mar Negro, de lo que hoy es Georgia las pieles de oveja con lana (zaleas) eran sumergidas en los ríos para recoger las pepitas de oro arrastradas por la corriente. No obstante, la antigüedad del mito pone en cuestión que esta sea la interpretación adecuada, dado que la práctica de usar las zaleas para recoger oro no está documentada en la zona con anterioridad al siglo v a. C. La fascinación por el mito del vellocino de oro se ha perpetuado hasta nuestros tiempos, ya que, curiosamente, en 1430 el Crisómalo fue adop-

---

86   La Cólquida es un término que se utiliza para referirse al conjunto de antiguas tribus que vivían desde hacía milenios en la costa oriental del mar Negro, en lo que hoy día es parte de Georgia.

Pretium non vile laborum.

He reaped no small reward of his labors.

In the yeare after the birth of Chrift, 1419. Paul.
         D   the Aemil.

El emblema de la Orden del Toisón de Oro. Inspirado en la leyenda del Vellocino de Oro, el emblema de la Orden del Toisón de Oro representa su búsqueda por parte de Jasón y los Argonautas. Según la leyenda, Jasón y sus compañeros emprendieron un viaje épico a la Cólquida para recuperar el Vellocino, una piel de oveja recubierta de escamas de oro. En esta representación, Jasón podría ser equiparado a Felipe III de Borgoña, mientras que los Argonautas serían los hombres que lo acompañan en la orden. Simboliza la búsqueda de la justicia y el honor, así como la nobleza de espíritu y el valor.

tado como símbolo principal de la Orden del Toisón de Oro, fundada por Felipe el Bueno, duque de Borgoña, orden que todavía subsiste en forma de dos ramas, una de las cuales tiene como gran maestre nada menos que al rey de España. Acompañando a los antiguos mitos, el rey de los metales ha desempeñado y desempeña un papel excepcional en el imaginario de todas las principales religiones del planeta. Por poner un ejemplo, poca gente sabe que, en la Biblia, el oro es mencionado más de cuatrocientas veces, incluyendo pasajes tan emblemáticos como aquellos en los que se describe la adoración del becerro de oro o la construcción del templo de Jerusalén por el rey Salomón, en la que todos los utensilios con los que fue equipado el santuario estaban hechos del precioso metal[87]. Por supuesto, objetos de lo más sagrado, tales como el arca de la alianza, también se dice que estaban forrados de oro (hay quien opina que, al precio de hoy, el célebre templo tal vez contuviese oro por valor de 50 000 millones de dólares). Y, al margen de ello, encontramos innumerables referencias al brillante metal amarillo desde el Génesis al Apocalipsis; libro este en el que, haciéndose referencia a la Nueva Jerusalén, se explica que sus calles están «hechas de oro puro, claro como el cristal»[88].

La misma situación encontramos por todas partes. Desde las antiguas culturas precolombinas, donde los incas consideraban el oro como las lágrimas de su deidad solar, hasta el antiguo Egipto, donde el dios Ra peinaba unos largos cabellos hechos del rey de los metales, no hay mitología ni religión antigua en la que el oro no tenga un papel protagonista, en casi todos los casos, dotado de propiedades mágicas y maravillosas. En la mitología nórdica, por ejemplo, Draupnir, el anillo de Odín (en realidad una argolla), tiene el poder de hacer ocho copias idénticas de sí mismo cada nueve noches, aunque las copias carecen de los poderes del original. En la antigua India, el oro es la semi-

---

87 Según la tradición, el sabio rey traía el oro desde el mítico país de Ofir, del que se desconoce su localización exacta, aunque podría tratarse de las costas de Arabia o Etiopía.
88 Apocalipsis 21, 21.

Según la mitología hindú, el Palacio de Oro de Ravana era una estructura magnífica construida por el rey demonio Ravana en la ciudad de Lanka. Este palacio, adornado con oro y piedras preciosas, se dice que era tan deslumbrante que parecía resplandecer como el sol. En él, Ravana gobernaba su reino con poder y opulencia. Esta representación artística evoca la majestuosidad y la riqueza del legendario palacio.

lla de Agni, y el demonio Ravana construye un fabuloso palacio de oro que, después, es destruido por el dios mono Hánuman. En Persia, en el texto zoroástrico *Avesta,* se relata cómo Ardvi Sura Anahita, la diosa de las aguas, «viste un manto totalmente bordado de oro, y lleva unos pendientes de oro cuadrados y un collar de oro. Y le ciñe la cabeza una corona dorada con cien estrellas y ocho rayos». En Grecia, ya hemos hablado del toque de oro del rey Midas, así como de los argonautas y el vellocino de oro, pero no debemos olvidar las manzanas de oro que aparecen en varias leyendas. Así, la cazadora Atalanta, que se había comprometido a dar su consentimiento a casarse con el primer hombre que corriese más deprisa que ella, vio cómo Hipómenes dejaba caer a sus pies durante la carrera tres manzanas de oro que le había dado Afrodita. Al detenerse a recoger las manzanas, la heroína permitió que Hipómenes la ganase, de modo que el incidente terminó en boda. También, entre los mitos relacionados con la guerra de Troya, es famoso el llamado «juicio de Paris», en el que Eris, la diosa de la discordia, molesta por no ser invitada a la boda de Peleo —el padre del héroe Aquiles—, ofrece una manzana de oro que debe ser entregada a la diosa más bella. Paris, el príncipe de Troya, elige a Afrodita por delante de Hera y Atenea, algo que tiene graves consecuencias, debido a que Afrodita ha sobornado a Paris ofreciéndole el amor de Helena, la mujer del rey de Esparta. Por último, el undécimo trabajo de Hércules consiste en traerse del jardín de las Hespérides tres manzanas de oro del mítico árbol en el que crecen para llevárselas al rey Euristeo, ansioso por conseguir la inmortalidad que ofrecen.

En muchas religiones, el fabuloso metal está detrás de los mitos acerca del origen del Universo y de las creencias en el más allá. En varias zonas de la India, por ejemplo, fue costumbre durante muchísimo tiempo (y sigue siéndolo aún en algunos lugares) enterrar a los difuntos con un pequeño objeto de oro en la boca para ahuyentar a los malos espíritus y asegurarse de que el alma del finado no era esclavizada. Como vimos al hablar del tesoro de Tutankamón, las tumbas de los faraones egipcios contenían, literalmente, miles de objetos de oro que acompañaban al difunto

El Buda de Oro «*Phra Phuttha Maha Suwant Patimakon*» situado
en el templo de Wat Traimit, Bangkok, Tailandia.

hasta el más allá. Pero hay más. Ya hablemos del budismo, el cristianismo o el islamismo[89], los templos de las grandes religiones monoteístas continúan hoy día repletos de paredes, retablos, altares y objetos recubiertos o pintados de oro, cuando no de reliquias de oro puro. El célebre Buda de oro del templo Wat Traimit en Bangkok, por ejemplo, mide cuatro metros de altura y pesa cinco toneladas y media, siendo la estatua de oro macizo más grande del planeta[90], [91]. En Birmania, la estupa Shwedagon Paya, de 100 metros de altura, está completamente recubierta de placas de oro donadas por los creyentes durante siglos, acompañadas de incrustaciones de diamantes y de otras piedras preciosas. El pabellón de oro de Kioto, en Japón, y el templo de oro de Amritsar, en la India, están literalmente recubiertos de pan de oro, al igual que el templo de la Roca Dorada, también en Birmania (en este caso, una roca entera está envuelta en una capa dorada). Algo más modesto, pero igualmente impresionante, es el interior de la iglesia de la Compañía de Jesús en Quito. Sin embargo, la palma probablemente se la lleva el templo hindú Sree Padmanabhaswamy, considerado el lugar de culto más valioso en términos económicos del mundo, con riquezas estimadas del orden de... ¡un billón (con «b») de euros!

¿Cuál es, por tanto, la razón del inmenso prestigio del oro prácticamente en todas y cada una de las religiones de nuestro mundo? La respuesta no es difícil. Durante milenios, el precioso metal fue, junto con la piedra, el único material verdaderamente duradero conocido por el hombre. Con el tiempo, nuestra especie aprendió a manejar otros metales, pero ninguno tenía las carac-

---

89 Curiosamente, en el islam, se prohíbe a los varones llevar cualquier rastro de oro encima, ya sea en la vestimenta o en forma de joyas. La prohibición incluye, por supuesto, objetos chapados y todo tipo de aleaciones; así que, si tienes un novio que profese dicha religión, haz el favor de comportarte.

90 Fabricada antes del siglo XVIII, el oro estaba disimulado bajo una capa de estuco y vidrio, probablemente colocada para engañar a los invasores birmanos, y había permanecido en el olvido durante casi dos siglos. En 1955 se descubrió que, en realidad, era de oro cuando, tras un traslado fallido, se intentó librarla del barro que la había cubierto como consecuencia de una formidable tormenta.

91 En tiempos modernos, quizá la estatua de oro más pesada sea la escultura de la famosa modelo Kate Moss, obra de Marc Quinn, de 50 kilos de metal precioso, justamente los que pesaba Moss en aquel momento.

Stemmate natus Eques, Medicus Magus atq̃ peritus
Juris et Imperij consul Agrippa fui. Oo 4

Este grabado retrata a Enrique Cornelio Agripa, un erudito y *mago* del Renacimiento conocido por su obra *De occulta philosophia*. Fue secretario de la corte de Carlos I de España, médico de Luisa de Saboya, teólogo y militar en España e Italia. Agripa, nacido en 1486 en Colonia, Alemania, fue una figura polifacética que incursionó en la filosofía, la teología, la astrología y la magia. Su obra *De occulta philosophia*, publicada en 1533, exploraba temas como la astrología, la alquimia y la magia ceremonial.

terísticas del oro. El rey de los metales era inmutable: no se estropeaba ni se ensuciaba, no se oxidaba ni se corroía. Su brillante color amarillo se asemejaba al del Sol, el más importante de los dioses en casi todos los antiguos panteones de las primitivas religiones que surgieron a lo largo y ancho del planeta. Parecía evidente que se trataba de un material divino, eterno, que desafiaba a la mismísima muerte. No es extraño que se le atribuyesen poderes mágicos y que se lo asociase a los mismísimos dioses. En concreto, la asociación del oro con el Sol era tan fuerte que llegó a creerse que la razón por la que el brillante metal aparecía con frecuencia en la superficie y no dentro de las minas no era otra que su afinidad por acercarse al astro rey. Incluso en una época tan tardía como el siglo XVI, en algunos tratados de metalurgia y mineralogía, se incidía en esa relación. Así, por ejemplo, impregnado del espíritu alquimista, Calbus Fribergius, un médico de mineros, escribía en 1505 que el mineral de oro nacía bajo la acción del Sol y, algo más tarde, el alquimista, mago y filósofo Enrique Cornelio Agripa decía que, «entre los metales, el oro, por su resplandor, recibe del Sol su virtud reconfortante».

La asociación oro-Sol-dioses está tan extendida por el mundo que es difícil encontrar un culto en la que no esté presente, incluso hoy día; por ejemplo, en la isla de Timor, en Indonesia, todavía se rezan oraciones al señor abuelo Sol para que conceda «mucho marfil y oro» y, en la tradición quechua, se habla de que el Sol «llueve oro» y la Luna, «plata». Pero la relación es tan antigua que se pierde entre las brumas de la historia. Así, en el Egipto predinástico, el dios Set, uno de los dioses más antiguos que integraban el ancestral culto solar, era adorado en Nebet, una ciudad cercana a Luxor que se encontraba en el centro de las rutas por las que circulaba el oro desde las minas del desierto. En egipcio antiguo, Nebet significa «ciudad de oro» y, de hecho, uno de los nombres de Set es Nebty, «el de la ciudad de oro». A las estatuas de Horus, por su parte, se las recubría de oro para que, al ser iluminadas por los rayos del Sol, se produjese la comunión entre el importante dios egipcio y el astro rey. Y, en los *Vedas,* los textos más antiguos de la literatura india, base de la religión védica, el oro es considerado como constituyente primordial del Universo:

JACK AND THE BEANSTALK
AND OTHER STORIES

Jack, un joven campesino, intercambió la única vaca de su familia por un puñado de habichuelas. Estas crecieron rápida y descomunalmente hasta alcanzar las nubes. . La ilustración de portada de esta edición captura el momento en que Jack trepa por el tallo de las habichuelas hacia el cielo, revelando la maravilla y el peligro que aguardan en la cima.

«El que subsiste por sí mismo, queriendo crear el Universo de su propia sustancia, creó las aguas y depositó en ellas una simiente que se transformó en un huevo de oro, resplandeciente como el Sol, y Brahma nació de él por su propia energía».

Es interesante comprobar que este concepto del oro como materia primigenia puede encontrarse también en algunas antiguas tradiciones rabínicas, muy alejadas de la India, según las cuales Yavé habría creado el mundo por medio de la *hashmal;* una sustancia que, en el libro de Ezequiel, se relaciona con el esplendor del trono y el semblante de Dios. Resulta que, en el idioma hebreo actual, *hashmal* significa ««electricidad», un nombre que procede de *élektron,* el vocablo griego para el ámbar que, como ya sabemos, se utilizaba también para el electro, la famosa aleación de oro y plata.

Al margen de los mitos y de las religiones, todas las tradiciones de la humanidad, desde los relatos de reyes y emperadores a los cuentos infantiles, están impregnadas de oro. En la tradición irlandesa, por ejemplo, los duendecillos conocidos como *leprechauns* tienen la habilidad de encontrar monedas de oro perdidas o enterradas por sus dueños, así como la costumbre de almacenarlas en una olla que guardan en un lugar secreto, lo que los convierte en inmensamente ricos. Sin embargo, cuando llueve, sienten la irresistible necesidad de colocar su olla repleta de monedas justo al final del arco iris. Se sabe de niños (y también de adultos) que han pasado horas interminables rastreando el terreno después de una tormenta por si las moscas.

Sin salir de Gran Bretaña, en el famoso cuento *Jack y las habichuelas mágicas,* que ha llegado a tener una difusión global, el antagonista del héroe es un ogro que tiene la costumbre de atesorar maravillosos objetos, incluyendo un arpa mágica que toca por sí sola y un ganso encantado que pone huevos de oro y que, por supuesto, Jack consigue escamotear. Lo interesante de este cuento es que, de acuerdo con los expertos, tiene un origen que podría remontarse a más de cinco mil años, lo que lo convertiría en una historia arcaica que demuestra cómo la fascinación por el oro en lo que venimos a llamar «Occidente» se remonta a los albores de la civilización.

En otro relato muy popular, en este caso árabe, se cuenta cómo un avaricioso sultán exprimía a impuestos al pueblo, de modo que un anciano decidió aprovechar su avaricia. En *El cultivo de oro,* que así se llama el famoso cuento, se narra cómo el anciano convenció al sultán de que, sembrando algo de oro, se obtendría una cosecha mucho mayor del preciado metal. Cegado por la codicia, el sultán entrega al anciano grandes cantidades de oro para que lo siembre. En su lugar, el anciano reparte el oro entre los lugareños y, luego, le dice al ambicioso regente que la cosecha se ha secado por falta de lluvia. Cuando el encolerizado sultán le dice al anciano que él no es tan tonto como para creerse que el oro se ha estropeado al secarse, el sabio le responde que fue lo suficientemente codicioso como para pensar que de un trozo de oro podría crecer toda una cosecha. Avergonzado, el sultán hubo de darle la razón y nunca más volvió a crujir a su pueblo a impuestos. Como vemos, en muchos de los cuentos relativos al oro, se intenta en realidad alertar acerca de la codicia, lo que no es de extrañar dadas las reacciones que la supuesta presencia del rey de los metales provoca en la gente; por ejemplo, en otro hermoso relato, se narra cómo un hijo desesperado por el inminente fallecimiento de su padre quiso hacer un trato con la muerte. Esta accedió a no llevarse de momento al padre, a cambio de que el chico le trajese una de las monedas de oro situadas en una mitológica laguna en la que había millones. Sin embargo, nadie había regresado nunca de semejante empresa. Al volver de la laguna, el joven se topó con un depredador que amenazó con devorarlo como a tantos otros, hasta que se dio cuenta de que el chico solo intentaba llevarse una moneda, en lugar de tratar de robar la mayor cantidad posible de oro del fondo de la laguna. El chico explicó que solo necesitaba una, porque lo único que le importaba era salvar la vida de su padre. Conmovida, la fiera le dejó marchar, la muerte tuvo su capricho y el padre sobrevivió. Mitos, leyendas y relatos de todo tipo son el reservorio del que beben las tradiciones de innumerables pueblos, lo que lleva a que, en los usos sociales, el oro aparezca por todas partes. Un ejemplo de ello es la tradición yoruba[92], según la cual la deidad del amor, Oshun, una hermosa mujer de arrebatadora sensualidad capaz de hechizar a cualquier hombre, portaba cinco brazaletes de oro que hacía tintinear cuando quería llamar la atención de algún varón afortunado. Por este motivo, aquellas mujeres que quieran encontrar a su media naranja deben llevar cinco pulseras de oro que, por supuesto, también deben lucir en el día de su boda. Es con respecto a las bodas a lo que está asociado también el famosísimo anillo de oro de compromiso. En realidad, esta tradición es muy antigua[93], y no necesariamente ha implicado siempre que el anillo fuese de oro. Sin embargo, hoy día la costumbre de portar una alianza como símbolo del compromiso entre los cónyuges está extendida prácticamente por todo el planeta, aunque es curioso comprobar cómo la proporción de oro varía según el sitio del que se trate. En la mayoría de los países occidentales, por ejemplo, lo habitual es comprarse un anillo de 14 quilates. Sin embargo, en Holanda, por ley se determina que a una pieza de oro con menos de esa proporción ni siquiera se la puede considerar como tal. En Alemania o Estados Unidos, en cambio, la utilización de oro de 10 quilates para los anillos es cosa corriente. Por otra parte, en muchas zonas del Sudeste Asiático, es impensable portar anillos de compromiso que tengan menos de 18 o 22 quilates.

El lugar donde se lleva el anillo también es importante. En las tradiciones católica y protestante, lo habitual hasta hace relativamente poco era llevarlo en la mano derecha, ya que la mano izquierda se consideraba «siniestra», es decir, más próxima que la otra al demonio. Sin embargo, en los países anglosajones, se desarrolló con el tiempo la costumbre de cambiárselo de mano al casarse, pasando a alojarse en la izquierda, románticamente cerca del corazón. En cuanto al dedo elegido, normalmente es el

---

92 La religión yoruba constituye una serie de creencias y tradiciones desarrolladas por el pueblo yoruba, un grupo originario del África occidental. Con el tiempo, su influencia se ha extendido fuera de África en formas como la santería, en el Caribe, o el candomblé, en Brasil.

93 En el caso de la mujer ya que, en el caso del varón, no tanto. En Occidente, la costumbre de portar un anillo de oro de compromiso se popularizó durante la Segunda Guerra Mundial, pues muchos combatientes querían llevar un recuerdo de su pareja durante su estancia en el frente.

La elegante Norma Shearer, una de las estrellas más destacadas de la era dorada de Hollywood, irradia gracia y sofisticación mientras sostiene su premio a la Mejor Actriz en la ceremonia de los premios de la Academia de 1930. Shearer fue galardonada por su interpretación en *The Divorcee*, una película que desafió las normas sociales de su época. Su actuación y su carisma la convirtieron en un icono de la pantalla grande. Este momento captura su triunfo en una de las noches más importantes de su carrera.

anular, aunque también se puede llevar en el índice o, una vez más, en el dedo corazón.

Otro de los usos sociales habituales, al menos en Occidente, es que la concesión de premios de gran valor vaya acompañada de objetos de oro. En ese sentido, ya hemos hablado de las medallas de los premios Nobel, o de los discos de oro en el mundo de la música, pero la costumbre se extiende a la práctica totalidad del mundo del espectáculo y a los deportes. En el cine, por ejemplo, son famosos los premios dorados de los festivales y, en especial, los Óscar. Estas estatuillas fueron diseñadas en 1928 y, en realidad, son de bronce revestido. Eso sí, el revestimiento es de 24 quilates. Dado que cada una pesa casi cuatro kilos (3,85, exactamente) y mide 34 centímetros, a alguno de los ganadores podrían entrarle ganas de venderla. Para evitar semejante ignominia, en 1950 la Academia del Cine de Hollywood se sacó de la manga una cláusula, que firman todos los premiados, según la cual, si quieren venderlo, tienen que ofrecérselo primero a la Academia… ¡por un dólar! Por tanto, solo merece la pena deshacerse de uno si procede de la época dorada de Hollywood, antes de que se aplicase tan draconiana cláusula.

En el deporte, por su parte, el oro es, como no podría ser de otra manera, el rey de las medallas olímpicas que, como sabes, son en todas las disciplinas de oro para el ganador, de plata para el segundo clasificado y de bronce para el tercero. La tradición comenzó en los Juegos Olímpicos de San Luis, en 1904 y, desde entonces, por mimetismo, en la mayoría de las competiciones deportivas del planeta, se sigue el mismo patrón. En el caso de las Olimpiadas, el diseño de las medallas es responsabilidad del comité organizador de la ciudad anfitriona, y es diferente en cada edición de los Juegos. Hasta 1912, las medallas con las que se distinguía al ganador eran de oro macizo, pero ahora son de plata bañada en oro (unos seis gramos). Las medallas olímpicas a menudo han protagonizado curiosas anécdotas, como el hecho de que todo el oro de las de los Juegos de Tokio 2020 procediese de teléfonos móviles reciclados. En las fotos, es costumbre que los atletas muerdan su medalla, una reminiscencia de los tiempos en que se mordían las monedas para comprobar su autenticidad.

Uno de los aspectos históricamente característicos del oro ha sido, como ya hemos visto, el desmesurado apetito de las élites por atesorarlo y lucirlo como muestra de su poder. Por descontado, este apetito no solo no ha desaparecido, sino que se ha vuelto incluso más extravagante. Hoy hay muchos menos reyes y reyezuelos que antes, pero los que hay siguen a lo suyo y, si no, que se lo pregunten al sultán de Brunéi, un tipo verdaderamente obsesionado con el rey de los metales que ha recubierto de oro macizo las bóvedas del gigantesco Istana Nurul Iman, el palacio más grande del planeta. Pero, si cree que la costumbre se limita a la realeza, está muy equivocado. En 2014 el exclusivo astillero Palmer Johnson anunció la botadura del *Khalilah*, un superyate de 48 metros de eslora de color dorado, que quizá tomaba como referencia el que probablemente sea el objeto de oro más caro y decadente del planeta. Me refiero al *History Supreme*, otro superyate de dimensiones algo más modestas (en este caso, «tan solo» 30 metros), pero que tiene todo el exterior recubierto por ¡100 toneladas de oro macizo, platino y joyas!, además de contener en su interior un acuario panorámico confeccionado con 68 kilos de oro de 24 quilates. Y tampoco es que eso sea lo más extravagante, ya que las paredes del dormitorio principal están decoradas con rocas procedentes de meteoritos y hay una estatua hecha con huesos auténticos de tiranosaurio. También hay un iPhone con 500 diamantes incrustados, entre ellos algunos de los más raros del mundo. ¿El precio de semejante artefacto? Cerca de tres mil millones de euros (sí, sí, lo que oye). Fue adquirido en 2011 por Robert Kuok, el hombre más rico de Malasia, que vive en Hong Kong y lo saca de paseo de vez en cuando[94].

La omnipresencia del oro en las tradiciones y las costumbres hace que innumerables refranes y expresiones contengan alguna referencia al rey de los metales, una realidad extendida a todos los idiomas del planeta. En español, por ejemplo, son corrientes expresiones como «no es oro todo lo que reluce», en

---

94 No crea que Kuok es el más rico del mundo. Según la lista de *Forbes*, en 2023 ostenta el puesto 96, y sus 11 800 millones de dólares no son nada comparados con los 211 000 millones de Bernard Arnault y familia, actuales número 1.

referencia a que uno no debe dejarse engañar por las apariencias; «vale su peso en oro», para referirse a alguien a quien valoramos mucho, o «tiene un corazón de oro», para asegurar que estamos ante una buena persona. Por otra parte, cuando se hace referencia a un período en el que florecen la cultura y las artes, se habla de una «edad de oro»[95]. Una buena indemnización en una empresa, normalmente referida a un alto ejecutivo, es un «paracaídas de oro», mientras que un entorno hermoso, real o ficticio, del que uno no puede salir es una «jaula de oro». Una buena ocasión de conseguir algo importante es también una «oportunidad de oro» y, en cualquier caso, «el tiempo es oro». En el idioma inglés, por su parte, la expresión «as good as gold» significa que algo es muy bueno o que alguien se porta muy bien, en tanto en cuanto «*a gold mine*» significa que estamos ante algo que contiene mucho valor y «*to go for the gold*» hace referencia a intentar dar lo mejor de uno mismo para conseguir el éxito. Asimismo, «*to strike gold*» significa encontrarse con algo bueno por casualidad, mientras que «*streets are paved with gold*» se refiere a un lugar donde es fácil ganar dinero. Con ejemplos como estos podríamos estar rellenando páginas hasta completar un libro entero. El simbolismo del oro se extiende a todos los campos del conocimiento, desde la proporción áurea[96] de las matemáticas y el arte hasta las referencias filosóficas que se remontan a los tiempos de Aristóteles.

Como puedes ver, la cultura y tradiciones que han florecido y florecen a lo largo y ancho de nuestro planeta podrían fácilmente resumirse en «oro por aquí, oro por allá». El oro no solo está por todas partes, sino que simboliza los anhelos y esperanzas de nuestra civilización como ninguna otra cosa lo hace o lo hará. No solamente es el rey de los metales; también es el símbolo de lo que a los humanos nos gustaría ser: brillantes, perfectos y, sobre todo, inmortales.

---

95 En España, el período transcurrido entre finales del siglo xv y mediados del xvii es conocido como el «Siglo de Oro».

96 El «número de oro» o «divina proporción» es un número irracional cuyas cuatro primeras cifras son 1,618. Posee muchas cualidades interesantes y se encuentra muy extendido en las formas de la naturaleza.

La familia del rey

Las fascinantes propiedades del oro seguro que te hacen preguntarte si no habrá otros metales por lo menos parecidos a él. La respuesta es que sí, aunque no muchos. En el Universo conocido, hay 92 elementos naturales, pero las propiedades que tienen son muy diferentes. Para empezar, no todos son sólidos a temperatura ambiente, algo imprescindible para que sean de confianza. A nadie se le ocurre montar joyas o acuñar monedas a base de mercurio, por poner un ejemplo. Esto descarta de entrada a los seis gases nobles, al hidrógeno, al oxígeno, al nitrógeno y a tres de los cinco halógenos, junto al ya mencionado mercurio, lo cual ya reduce la lista a 79. Pero no basta con ser sólido, sino que también hay que ser relativamente apacible. Los elementos que reaccionan con relativa facilidad no nos sirven, dado que cualquier cosa construida con ellos se deterioraría rápidamente; de modo que nos negamos también a admitir a los elementos alcalinos y alcalinotérreos, así como a los no metales y a los semimetales, dado que sus características y propiedades están muy alejadas de las del oro. Acabamos de darle un hachazo a la lista, en la que ya solo nos quedan 54. Los lantánidos y los actínidos tampoco nos valen: los primeros porque son, por lo general, metales blanditos y los segundos, porque son radiactivos, lo que desde luego no es conveniente. Acabamos de eliminar otros 19, lo que nos deja con 35. Pero al tecnecio hay que descartarlo porque también es radiactivo y al talio, porque sus sales no pueden ser más venenosas. Por otra parte, el galio se funde casi a temperatura ambiente, el plomo es demasiado

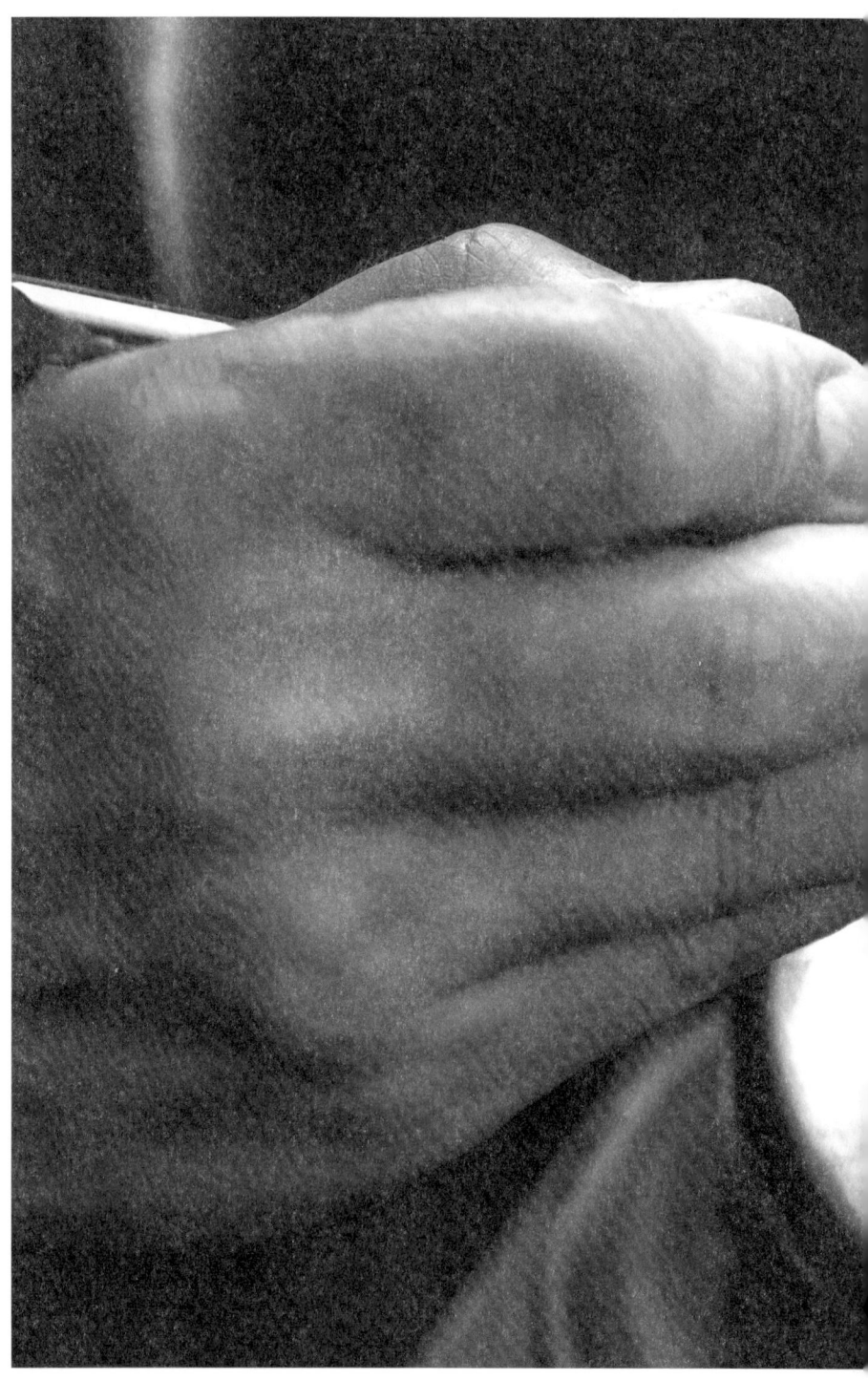

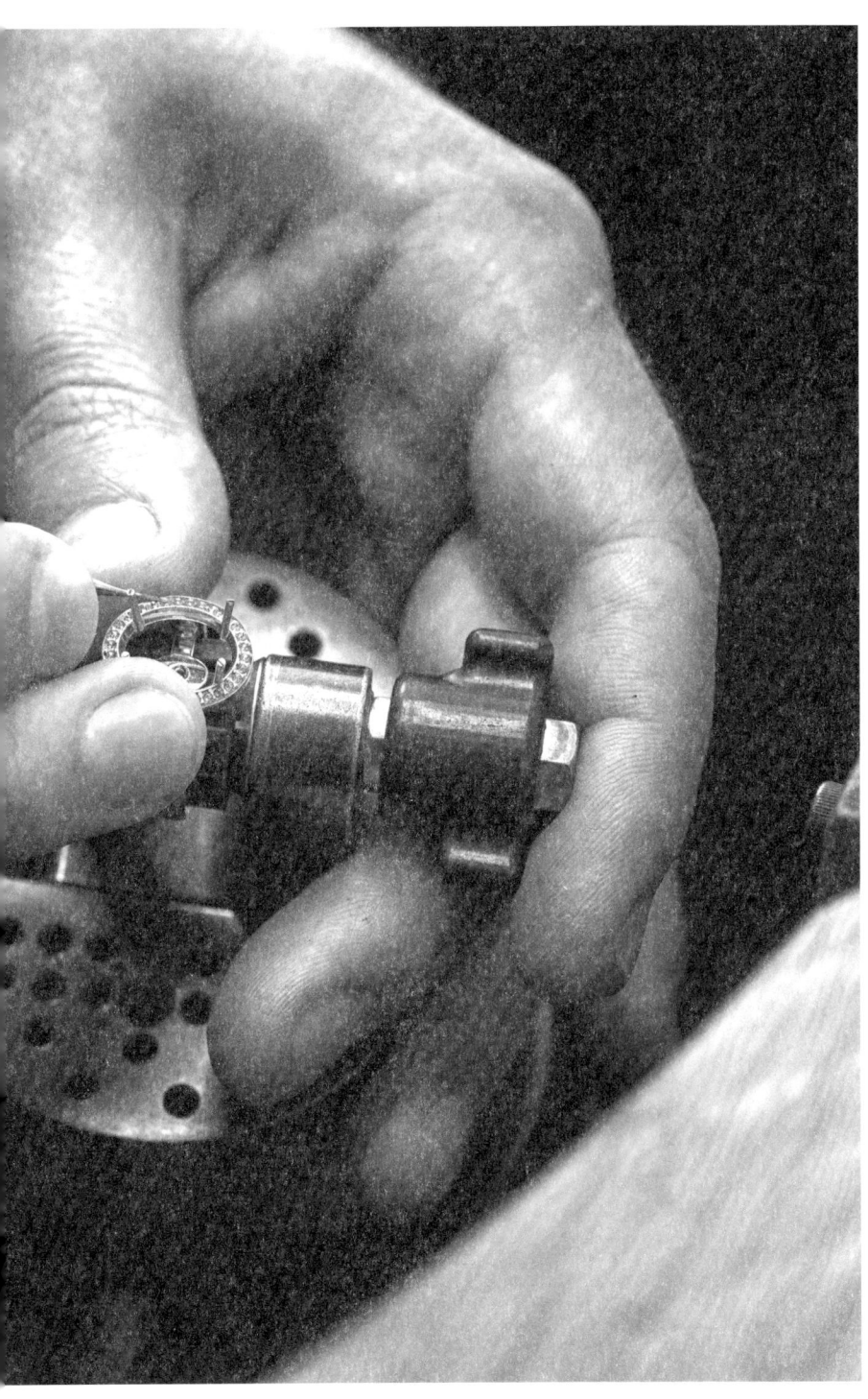

Un orfebre engasta piedras preciosas en una joya.

En esta histórica fotografía, capturada por el renombrado fotógrafo John Thomson en 1865, vemos al distinguido Rey Mongkut de Siam, también conocido como Rey Rama IV, rodeado de oro. Gobernó Tailandia en un momento de importantes cambios sociales y políticos. Conocido por su interés en la ciencia y la modernización, así como por su papel en la adaptación del país a la influencia occidental, es recordado como una figura influyente en la historia tailandesa.

blando (además de venenoso también) y, con el bismuto, apenas se puede trabajar, porque ni es dúctil ni maleable. El estaño, por su parte, se desmenuza por debajo de 13,2 grados centígrados (la «peste del estaño»), lo que lo convierte en un metal traicionero. Ya solo tenemos 29. Estos que quedan son los llamados «metales de transición», además del aluminio y el indio.

Por tanto, para encontrar algún pariente del oro, habría que rebuscar entre estos elementos que, entre otras cosas, disfrutan del hermoso brillo metálico. Muchos de estos metales, en condiciones normales, son sólidos densos, duros y brillantes y, al igual que el oro, también presentan buenas propiedades de ductilidad, maleabilidad y elevados puntos de fusión —en el caso del rey de los metales, hablamos de unos soberbios 1064,18 grados centígrados—, además de conducir estupendamente el calor y la electricidad. Lo que tienen en común todas estas sustancias a nivel atómico es el llamado «enlace metálico», una forma de agruparse los electrones de las capas más externas caracterizada por una gran libertad de movimiento, lo que hace que pertenezcan un poco a todos los átomos y a ninguno en particular (es lo que se conoce como «mar de electrones»). El brillo de estos metales, por ejemplo, se produce cuando la luz que incide sobre su superficie estimula a los electrones que, después, la devuelven ofreciendo casi siempre (recordemos que el oro es una excepción) una tonalidad plateada. Sin embargo, ser clasificado junto al oro como un elemento metálico «precioso» requiere unas condiciones de rareza y de nobleza (vamos, falta de apetito químico, por combinarse con otras sustancias) de las que no todos los metales de transición pueden presumir. Así, tradicionalmente se consideran como preciosos o nobles tan solo aquellos elementos metálicos que se pueden encontrar en estado libre, porque tienen poca tendencia a reaccionar, además de no ser muy abundantes. Esto último descarta, entre otros, al hierro, al cromo o al aluminio, debido a que hoy día son extraordinariamente fáciles de producir[97]. Al final, en la lista de super-

---

97   Sin embargo, hubo una época, a mediados del siglo xix, en la que el aluminio era tan
      difícil de obtener que era considerado más valioso que el oro, como ejemplifica el que

vivientes, se encuentran apenas un puñado de metales, principalmente el oro, la plata, el platino, el rodio y el paladio aunque, en algunos casos, también se incluye al rutenio, al osmio y al iridio. Todos estos elementos tienen un origen muy parecido, ya que se generan en explosiones estelares de inimaginable potencia, aunque los más ligeros, como el rutenio, el paladio y la plata, también pueden producirse de modo más reposado (si es que lo que sucede puede considerarse como tal cosa) en el interior de estrellas masivas a lo largo de su existencia.

¿Y el cobre? Después de todo, este elemento se encuentra en el grupo 11 de la tabla periódica, el mismo en el que residen la plata y el oro (además del roentgenio, un elemento artificial del que todavía sabemos muy poco). De hecho, el cobre comparte muchas propiedades químicas con el oro, por ejemplo, la baja resistividad, lo que lo convierte en un excelente conductor eléctrico profusamente utilizado en los cables, o el hecho de que se encuentra fácilmente en estado nativo, lo que explica

---

el emperador francés Napoleón III sacase su flamante vajilla de aluminio para agasajar a sus invitados, dejándose de oro y otras zarandajas.

Old Dominion Copper Co., Arizona 1909.

que haya sido el primer metal conocido[98]. Durante un larguísimo período de tiempo, el cobre fue la clave para fabricar el bronce[99], una aleación metálica que protagonizó la historia de la civilización europea y del Próximo Oriente durante más de dos milenios. Sin embargo, el cobre es más reactivo que el oro y también mucho más abundante, lo que hace que no sea considerado dentro de la familia regia, como si de un pariente bastardo se tratase. A pesar de ello, su historial como metal básico de los sistemas monetarios es incluso más prolongada que la del oro, ya que sigue totalmente en vigor, en tanto en cuanto su lujoso pariente ya hace tiempo que ha sido retirado de estos menesteres debido a su precio.

¿Cómo son, entonces, los «primos legítimos» del oro? La plata, en concreto, tiene un átomo más pequeño que el metal-rey y refleja tan bien la luz visible —de hecho, es el metal que mejor la refleja—

98   En Çayönü Tepesi, en la actual Turquía, se han encontrado utensilios de cobre con una antigüedad aproximada de nueve mil años.

99   El bronce es una aleación de cobre y estaño en la que el primero es la base, entrando el segundo en una proporción que oscila entre el 3 y el 20 %. Su descubrimiento cambió para siempre la historia de la humanidad.

Una novia de la tribu de Hoti, en el norte de Albania. Sus ropas, tejidas a mano y ricamente bordadas con hilos de colores, incluyen adornos de oro y plata. Las joyas, principalmente de filigrana, destacan la habilidad artesanal de los orfebres albaneses. La gran cruz de plata es característica de las tribus católicas en el norte. Su pesado cinturón de cuero, adornado con clavos de plomo moldeados e insertados a mano, es obra de artesanos especializados en Scutari. Lleva las zapatillas de montaña de piel de cabra llamadas *opanga*. Aunque la mayoría de las tierras tribales de Hoti fueron entregadas a Serbia por Turquía en 1912, sus gentes conservan su idioma y costumbres albanesas [1921].

que se utiliza como revestimiento en los espejos de los telescopios. Su blanco brillante es conocido como «plateado» y, por eso, esta pariente del oro se usa también mucho en joyería. Al igual que el oro, la plata es muy fácil de trabajar, pero resulta mucho más abundante y reacciona con más facilidad, además de tener bastante tendencia a empañarse. Por eso, es 100 veces más barata que su ilustre colega. Sin embargo, su tendencia a reaccionar hace que sea mucho más difícil de encontrar que el oro en estado nativo, por lo que hubo un tiempo en el que resultaba incluso más cara que aquel. En época faraónica, sin ir más lejos, los egipcios pagaron más por ella que por el rey de los metales, por lo menos, hasta el siglo XV a. C. Más tarde, entraron en contacto con la mítica Tartessos, en el sur de España, con el fin de conseguir la plata que necesitaban[100] ya que, al parecer, se trataba de una zona repleta de ella. En ese sentido, se cuenta en una antigua leyenda que, cuando los fenicios llegaron por primera vez a las costas de la península ibérica, encontraron tal cantidad de la codiciadísima plata que, no pudiendo cargarla por falta de sitio en los barcos, sustituyeron las anclas que llevaban por otras hechas del precioso metal. Mientras que se pensaba que el oro había sido creado bajo los auspicios del Sol, ¡la plata era atribuida al influjo de la Luna!

Cuando se introdujeron los sistemas monetarios, la plata acompañó a su ilustre colega como base de muchos de ellos; por ejemplo, en Grecia, donde sabemos que, al menos parcialmente, en el ascenso de Atenas como potencia, tuvieron mucho que ver las cercanas minas de Laurium, de donde los atenienses sacaron una media de 30 toneladas de plata al año durante casi tres siglos. Más tarde, la estabilidad del sistema romano dependió en gran medida del suministro de la siempre abundante plata de Hispania, una región que llegó a proporcionar hasta doscientas toneladas anuales. A mediados del siglo II, cerca de diez mil toneladas de plata circulaban por el Imperio, una cifra entre

---

100 De pura plata maciza, que no de oro, es el sarcófago del faraón Psusenes I (c. 1039-991 a. C.), perteneciente a la Dinastía XXI, encontrado en la necrópolis real de Tanis. Según los expertos, es muy probable que el metal del que está hecho proceda de viejas minas de plata situadas en España.

cinco y diez veces superior a la que hubo disponible en Europa y Oriente Medio alrededor de medio milenio más tarde, cuando la mayor potencia de la Antigüedad ya había desaparecido.

El hecho de que, durante la Edad Media, tanto la minería como el comercio de los metales preciosos disminuyese drásticamente no contribuyó precisamente a que estos últimos perdieran atractivo, sino más bien todo lo contrario. Sin embargo, a estas alturas, el oro era ya mucho más valioso que su prima y, por eso, a los alquimistas medievales, que estaban convencidos de que a la brillante plata apenas le faltaba un empujoncito para volverse oro, les dio por someterla a perrerías de todo tipo con sustancias de color amarillo, algunas tan extravagantes como

-Peon Silver Miners Loitering on the Mountain Side, Zaca-
tecas, Mexico.

el azafrán y la orina, para ver si había suerte y se hacían ricos
de golpe. Esto, por descontado, no quiere decir que la plata per-
diese ni un ápice de su valor. De hecho, a lo largo de los siglos
que siguieron, siguió siendo extremadamente cotizada, hasta el
punto de que los propios conquistadores españoles casi dedica-
ban más tiempo a buscarla que al oro. Semejante afán desem-
bocó en el siglo XVI en la localización de grandes reservas en
el Nuevo Mundo, sobre todo en México, Bolivia y Argentina[101],

---

101 Argentina debe su nombre a la denominación en latín de la plata (*argentum*: «blanco
brillante»). Originalmente, se trataba de una denominación poética de las regiones
ribereñas del Río de la Plata, llamado así por permitir el acceso a los yacimientos
argentíferos del Alto Perú, allá por el siglo XVI.

Engrav'd for the Universal Magazine, for J. Hinto

Grabado (1750) que muestra una sección transversal de una mina de plata en Potosí, Bolivia. En la imagen también se pueden ver mineros excavando en el interior de la mina.

Dirham de plata acuñado durante el reinado de al-Walid I en Sijistán en el año 95 de la hégira islámica (714-715 d. C.).

que posteriormente fueron enviadas en gran medida a Europa, donde provocaron un largo período de inflación en todo el continente. Sin embargo, el comercio de la plata americana se expandió por todo el planeta, convirtiéndose en una de las primeras mercancías de alcance verdaderamente global. De hecho, China llegó a acumular tantas reservas que, a principios del siglo XVII, era considerada como el «centro mundial» de la plata. Siglo tras siglo, las monedas de plata han sido casi tan famosas como las de oro. Ejemplos de ello han sido el dracma griego, el denario romano, el dírham musulmán, la rupia de la India y, por supuesto, el célebre dólar español, o «pieza de a ocho»[102].

Al igual que el oro, a lo largo de la historia, a la plata se le han atribuido extraños poderes místicos. Un ejemplo muy conocido fue la extendida creencia de que una bala de plata era el mejor remedio para acabar con vampiros, licántropos y monstruos de distinto pelaje. De la misma manera, el brillante metal hermano del oro ha tenido un protagonismo similar en religiones y mitologías de todo el planeta, siempre asociado a la riqueza y a la

---

102   El dólar español no solamente fue la primera moneda de uso internacional, sino que es la predecesora del dólar estadounidense, de la cual este último adoptó el nombre. Para muchos expertos, el símbolo del dólar ($), que originariamente lucía dos barras verticales, hacía referencia a las columnas de Hércules que aparecían en el reverso del dólar español.

codicia. En el cristianismo, por ejemplo, es bien conocido que Judas Iscariote vendió a Jesucristo por «30 monedas de plata».

Hoy día, además de ser utilizada en joyería casi tanto como el oro, la plata tiene múltiples aplicaciones industriales. Durante décadas, por ejemplo, protagonizó la fotografía, dada la facilidad de las sales de plata para transformarse en el metal puro por acción de la luz, formando imágenes nítidas en negativo. Con el tiempo, esta aplicación ha caído algo en desuso, pero a ella se le han ido añadiendo el empleo de la plata en espejos, paneles solares, filtración de agua, electrónica, catálisis de reacciones químicas y otras muchas actividades. Además, algunos compuestos de plata son excelentes desinfectantes que se añaden de forma rutinaria a un buen número de instrumentos médicos, e incluso a las vendas utilizadas para cubrir las heridas. Durante mucho tiempo, la mayoría de las cremas desinfectantes que se empleaban en las quemaduras contenían compuestos de plata.

El tercer metal precioso por orden de empleo en las joyerías es el platino, cuyo nombre original era platina del Pinto («plata pequeña del río Pinto»); un metal que, según la tradición, fue descubierto en 1735[103] por un marinero francés que caminaba por el estuario del susodicho río, en lo que hoy es Ecuador. Intrigado por unos grandes nódulos de arcilla grisácea dentro de los cuales había trozos de un extraño metal plateado, el avispado lobo de mar le habría entregado algunos al español Antonio de Ulloa (1716-1795); un naturalista que viajaba en el mismo barco y que, de inmediato, se dio cuenta de que se encontraba ante un metal hasta entonces desconocido. Capturado más tarde por los ingleses, el bueno de Ulloa fue llevado ante el Almirantazgo acompañado de su hallazgo, pero los militares de la pérfida Albión sabían poco de estas cosas y se lo devolvieron a España con platino y todo, después de nombrarlo de paso miembro de la Royal Society. Tras su descubri-

---

103   Algunos españoles se habían topado con el platino antes que su descubridor oficial, pero siempre lo habían despreciado como una impureza sin importancia. Ulloa más tarde contaría que, en realidad, descubrió el platino observando el trabajo en las minas durante sus viajes por Colombia y Perú, pero la otra versión de la historia me parece más romántica.

miento de juventud, Ulloa se convirtió en un alto funcionario del Gobierno español en América, incluyendo en su currículo haber sido nombrado sucesivamente gobernador de Huancavelica, en Perú; de Luisiana, en los futuros Estados Unidos, y alto cargo en la Marina española, donde alcanzó el rango de vicealmirante y jefe de operaciones. Sin embargo, básicamente nos acordamos de él por habernos traído el platino.

En realidad, sin embargo, el platino era cualquier cosa menos un metal nuevo, ya que era conocido en Sudamérica, sobre todo en aleación con el oro, al menos desde los tiempos de Jesucristo; no en vano, se encontraba a menudo en forma de gránulos o pepitas junto con otros metales en los terrenos de aluvión. Los egipcios también podrían haber llegado a conocerlo, como demuestra una pequeña caja encontrada en la tumba de la princesa Shepenupet II, una sacerdotisa de la Dinastía XXV (744-656 a. C.), que está decorada con jeroglíficos de una aleación de oro y platino. Sin embargo, en este caso, no está claro que los artesanos del país del Nilo reconociesen el platino como un metal diferente. El problema de la pequeña plata del río Pinto es que su temperatura de fusión es muy alta —nada menos que 1768 grados centígrados—, lo que dificultó mucho trabajar con ella hasta que, a finales del siglo XVIII, se encontró la manera de hacerla maleable. Fue a partir de entonces cuando el nuevo metal precioso comenzó a prosperar ya que, aunque seguía siendo difícil de manipular, presentaba una resistencia a la corrosión solo comparable a la del oro. Durante la época victoriana, se masculinizó su nombre, cambiando platina por platino ya que, para los químicos de la época, llamar a un elemento en femenino era poco menos que una herejía. Ya con su nombre definitivo, el brillante metal se puso definitivamente de moda cuando al famoso relojero y joyero francés Louis Cartier le dio por sustituir las tradicionales monturas de oro y plata por el durísimo platino que, a diferencia de la plata, no se ensuciaba y cuyo brillo contribuía a resaltar la belleza de las gemas engarzadas. De la mano del genial joyero, el platino se convirtió en todo un símbolo del *art déco*. Con posterioridad, al brillante metal precioso se le han encontrado otros importantes usos en convertidores catalíticos, equipamiento eléctrico y de laboratorio o patrones de medida; también en medicina, ya que algunos de sus compuestos, como el famoso cisplatino, se enlazan a las moléculas de ADN, haciendo que las células cancerosas no puedan reproducirse. Además, y desde hace décadas, la publicidad se ha encargado de promocionar la imagen del platino como algo que va «más allá» del oro, popularizando cosas como el disco de platino, la tarjeta de crédito platino o el color rubio platino. En la actualidad, la pequeña plata del río Pinto es considerada sobre el papel como lo más de lo más en materia de lujo, aunque viene a costar aproximadamente la mitad que la misma cantidad de oro, debido a la menor demanda.

Los problemas que, en un principio, aparecían para purificar el platino tenían mucho que ver con las impurezas que trae este metal en forma de los últimos miembros de la familia del rey, los poco abundantes rutenio, rodio, paladio, iridio y osmio[104]. Tanto es así que a los químicos les costó cincuenta años identificar a los cuatro últimos y casi cien al primero a partir del platino. Todos son de un color parecido al de su primo y, al igual que él, se resisten mucho a la corrosión, aunque difieren entre ellos en propiedades como la dureza, la densidad o los puntos de fusión y ebullición. El osmio y el iridio, por ejemplo, son los dos elementos de mayor densidad de la naturaleza, hasta el punto de que un cubo de un metro de lado hecho del primero pesa más de veintidós toneladas, el doble que el plomo[105]. El iridio (bautizado así en honor de la diosa Iris, la personificación del arco iris), además, es el elemento metálico que mejor soporta la corrosión, y se ha hecho famoso porque su escasez en la corteza terrestre con respecto al que aportan los meteoritos, junto con su relativa abundancia en la capa de arcilla del límite Cretácico-Paleógeno, llevó al físico estadounidense Luis Walter Álvarez a

---

104 Que ¿de dónde salen estos nombres? A saber, el rutenio del latín medieval Ruthenia, que significa «Rusia», y el osmio del vocablo griego osme, que significa «olor», debido al olor a ceniza y a humo característico del tetróxido de osmio. Para la referencia del resto, véase el texto principal.

105 El osmio es uno de los elementos estables más raros de la naturaleza, constituyendo solo una milmillonésima parte de la masa de la corteza terrestre.

proponer la célebre hipótesis de que fue el impacto de un descomunal meteorito lo que acabó con los dinosaurios hace unos sesenta y cinco millones de años[106].

Todos estos metales son bastante utilizados en la industria, ya sea como catalizadores, en componentes electrónicos, revestimientos o aleaciones —el osmio y el rutenio incluso en la punta de los bolígrafos y en los plumines de las estilográficas—, hasta el punto de que se dice que la cuarta parte de los productos manufacturados hoy día contiene al menos uno de los elementos del grupo del platino. Sin embargo, tan solo el paladio y el rodio son habitualmente considerados como «metales preciosos», siendo también frecuentemente utilizados en joyería. De hecho, el rodio (del griego *rhodon,* que significa «rosa») es habitualmente el más caro de todos, debido a que es bastante raro y, por eso, Paul McCartney se convirtió en 1979 en el satisfecho poseedor del único disco de rodio de toda la historia de la música, entregado a todas luces para recordarnos que, en materia de vender discos, el genio de Liverpool siempre ha sido el mejor. La situación del rodio en el mercado es de lo más peculiar, debido a que su precio es extremadamente volátil. Aunque, por lo general, está muy por encima del oro, hay veces que llega a estar por debajo. De cuando en cuando, esto coloca a sus propietarios mayoritarios en una posición muy ventajosa, como consecuencia de que, en las minas de las que se extrae —la mayoría de ellas situadas en Sudáfrica—, el rodio siempre se encuentra asociado a otros miembros de la familia del rey mucho más abundantes. Así, si obtienen más mineral para sacar el rodio, al mismo tiempo inundarán los mercados con platino y con paladio, bajando inmediatamente el precio de estos metales. Para evitarlo, sacarán poco rodio, lo que hará que su precio aumente. Por eso, y dado el extremo cuidado que se pone en evitar estas fluctuaciones, ahora mismo gran parte del suministro mundial

---

106   Según la hipótesis más aceptada, el impacto habría formado, a finales del Cretácico, el gigantesco cráter de Chicxulub, ubicado al noroeste de la península de Yucatán. La catástrofe debió de ser descomunal, ya que se estima que el cráter real tiene unos trescientos kilómetros de diámetro, aunque se debate si la famosa extinción se debió únicamente a un único impacto o tal vez pudieron darse varios más.

de rodio se obtiene de convertidores catalíticos reciclados a partir de viejos automóviles y otros vehículos[107].

Ahora bien, si dejamos de lado al platino, de entre todos los miembros del grupo es el paladio (bautizado así en honor al asteroide Palas) el más famoso de todos. Este peculiar pariente del oro ha protagonizado historias rocambolescas ya desde su descubrimiento, que fue comunicado a la humanidad mediante su venta en una tienda de curiosidades del Soho londinense allá por 1803. El responsable de semejante despropósito fue el propio descubridor del paladio, William Hyde Wollaston (1776-1828), quien dio con el nuevo elemento mientras intentaba hacerse rico a costa del platino. Un año más tarde, Wollaston también descubriría el rodio aunque, en este caso, se abstuvo de presentarlo en sociedad de mala manera. Con el tiempo, el paladio no ha parado de participar en jugarretas de todo tipo, como cuando provocó indirectamente la interrupción de la producción en la compañía de automóviles Ford[108]108 a principios de siglo debido a que los rusos redujeron su exportación a Occidente. A la compañía estadounidense no le quedó otra que pagar el paladio a precio de oro, solo para ver cómo poco después el precio se derrumbaba, con la consiguiente pérdida de cerca de mil millones de dólares.

Pero la historia más curiosa de entre todas las protagonizadas hasta la fecha por este elemento tiene que ver con su rara habilidad para absorber hidrógeno a temperatura ambiente[109], una extraña propiedad que llevó a dos electroquímicos de la Universidad de Utah a cometer uno de los errores de apreciación más famosos de la historia de la ciencia. En efecto, en

---

107 Un convertidor catalítico es un dispositivo con pinta de silenciador que se instala bajo el automóvil. Cuando el coche quema combustible, los gases de escape contienen compuestos contaminantes que han de ser degradados rápidamente. Los metales como el rodio catalizan las reacciones con mucha eficacia.

108 108 Al igual que sucede con el rodio, más de la mitad de la producción mundial de paladio se destina en la actualidad a los convertidores catalíticos. Además, es un componente esencial de las células de combustible, en las que el hidrógeno y el oxígeno reaccionan para producir electricidad.

109 El paladio es capaz de absorber hasta ¡novecientas veces! su propio volumen de hidrógeno a temperatura ambiente. Se cree que esto se debe a la posible formación de hidruro de paladio (PdH_2), pero la verdad es que no está del todo claro.

1989 Martin Fleischmann y Stanley Pons creyeron genuinamente haber encontrado el secreto de la llamada «fusión fría», una supuesta forma de obtener energía atómica de fusión a bajas temperaturas, sin tener que recurrir a las carísimas instalaciones en las que, en la actualidad, se experimenta sobre ello. Mientras trabajaban en su laboratorio, Fleischmann y Pons detectaron una misteriosa emisión de energía en forma de calor, que incluso llegó a agujerear la mesa, cuando se llevaba a cabo la electrólisis del agua pesada en presencia de electrodos de paladio. Espoleados por la perspectiva de hacerse ricos y pasar a la posteridad, y sin haber sometido sus resultados a revisión alguna, los dos intrépidos científicos anunciaron imprudentemente que habían encontrado un procedimiento mediante el que el deuterio —un isótopo del hidrógeno cuyo átomo contiene un protón y un neutrón— se convertía en helio a temperatura ambiente. La prensa mundial, siempre ávida de descubrimientos sensacionales, recogió la noticia, y Fleischmann y Pons se convirtieron de la noche a la mañana en celebridades.

Sin embargo, los descubrimientos sensacionales suelen mosquear bastante a los científicos más rigurosos. Desconcertados por el increíble resultado, varios grupos intentaron repetirlo con efectos nulos. Al poco tiempo, se organizó un congreso extraordinario en donde los dos electroquímicos quedaron desacreditados, al demostrarse que habían cometido todo un cúmulo de errores tanto en el desarrollo del experimento como en las técnicas de medición. A la misma conclusión llegó una comisión del Gobierno estadounidense tras más de cinco meses de trabajo. Al parecer de la comunidad científica, las misteriosas emisiones de energía detectadas por Fleischmann y Pons no eran otra cosa que pequeñas explosiones químicas ocasionadas por la acumulación del hidrógeno absorbido por el paladio, tal y como le había sucedido, por ejemplo, a los globos dirigibles tiempo atrás, o bien consecuencia de reacciones químicas provocadas por impurezas. Los dos electroquímicos, simplemente, se habían dejado llevar por sus sueños de gloria. En fin que, dado que el paladio no parece ser el aliado que esperábamos, se ve que tendremos que esperar un poco más a que la auténtica fusión termonuclear[110] llegue a tiempo de solucionar nuestros problemas de suministro de energía. Mientras tanto, sigamos disfrutando de sus muchas aplicaciones y propiedades; no en vano, se trata de uno de los miembros más destacados de la soberbia familia del rey.

---

110   A diferencia de lo que ocurre en la fisión, proceso en el que el núcleo de un átomo pesado se separa para formar núcleos más pequeños con una gran emisión de energía, en la fusión, la energía se libera justo al contrario, es decir, cuando dos núcleos ligeros se combinan para dar lugar a uno más pesado. El problema de la fusión es que se requiere una enorme cantidad de energía inicial para vencer la repulsión electromagnética de los protones. Dicho de otro modo, «prender la mecha» es complicado.

Epílogo

Vázquez de Coronado se sustrajo un momento a sus pensamientos y respiró con profundidad. Quizá se estaba tomando las cosas por la tremenda. Ciertamente, no había encontrado ni rastro de las siete ciudades de oro, pero ¿cómo podía decir que había perdido el tiempo? A lo largo de su periplo de los últimos dos años, había explorado cientos de leguas por territorios ignotos, cubriendo una superficie mayor que toda Europa occidental. Con el tiempo, la Corona española reclamaría estos territorios, triplicando así el tamaño del virreinato de Nueva España. Sin duda, y a pesar del absoluto fiasco que había resultado ser la leyenda, a su vuelta lo esperaban la fortuna y la fama y, con un poco de suerte, la gloria, ya que su hazaña tal vez quedase grabada en la memoria de los hombres. Después de todo, ¿qué puede hacerle a uno más inmortal que el que lo recuerden a lo largo de los siglos? Reconfortado por estos pensamientos, el ya veterano conquistador espoleó a su caballo en dirección al sur. Una sonrisa se dibujaba en su rostro. Al final, tal vez el oro le fuese a entregar todas sus promesas de riqueza e inmortalidad. Quizá sea el destino que a los hombres los aguarda cuando se lanzan en pos del más noble de los metales —pensó—: explorar el mundo hasta alcanzar lugares a los que nadie ha llegado jamás.

Bibliografía

ALBORN, Timothy (2017), «The Greatest Metaphor Ever Mixed: Gold in the British Bible, 1750-1850», *Journal of the History of Ideas*, n.° 78 (3), pp. 427-447.

ALDERSEY-WILLIAMS, Hugh (2013), *La tabla periódica. La curiosa historia de los elementos*, Barcelona, Ariel.

ALEKLETT, K. ; MORRISSEY, D. ; LOVELAND, W. ; McGAUGHEY, P., y SEABORG, G. (1981), «Energy dependence of 209Bi fragmentation in relativistic nuclear collisions», *Physical Review*, C. 23 (3), p. 1044.

ALGUACIL, F. (2006), «The Chemistry of Gold Extraction», *Gold Bull*, n.° 39, p. 138, John O Marsden and C lain House SME. ALVARADO, Ruben (2013), *Follow the Money: The Money Trail Through History*, Aalten, WordBridge.

ASIMOV, Isaac (2010), *Breve historia de la química*, Madrid, Alianza.

BACHMANN, Hans-Gerd (2006), *The Lure of Gold: An Artistic and Cultural History*, Nueva York, Abbeville Press.

BERGER, E. ; FONG, W., y CHORNOCK, R. (2013), «An r-process Kilonova Associated with the Short-hard GRB 130603B», *The Astrophysical Journal Letters*, n.° 774 (2), p. 4.

BERNSTEIN, Peter L. (2000), *The Power of Gold: The History of an Obsession*, Nueva York, John Wiley & Sons.

BLAIR, Claude (ed.) (1987), *The History of Silver*, Londres, Macdonald Orbis.

BRANDS, H. W. (2003), *The Age of Gold: The California Gold Rush and the New American Dream*, Nueva York, Anchor.

BRAY, Warwick (1978), *The Gold of El Dorado*, Nueva York, Times Books.

BURANELLI, Vincent (1979), *Gold: An Illustrated History*, Maplewood, Hammond.

CHALLONER, Jack (2018), *Los elementos. La nueva guía de los componentes básicos del Universo*, Madrid, Libsa.

COLOGNI, Franco, y NUSSBAUM, Eric (1995), *Cartier, le joaillier du platine*, París, Bibilothéque del Arts.

CRETU, C., y VAN DER LINGEN, E. (1999), «Coloured gold alloys», *Gold Bulletin*, n. ° 32 (4), p. 115.

DE VAAN, Michel (2008), *Etymological Dictionary of Latin and the Other Italic Languages*, Leiden/Boston, Brill.

DUCKENFIELD, Mark (2016), *The Monetary History of Gold: A Documentary History, 1660-1999*, Londres, Routledge.

EICHENGREEN, Barry (1992), *Golden Fetters: The Gold Standard and the Great Depression, 1919-1939*, Oxford, Oxford University Press.

ELIADE, Mircea (2001), *Herreros y alquimistas*, Madrid, Alianza.

ELWELL, Craig K. (2011), *Brief History of the Gold Standard (GS) in the United States*, Washington, Congressional Research Service.

EMSLEY, John (2001), *Nature's Building Blocks: An A-Z Guide to the Elements*, Oxford, Oxford University Press. FERGUSON, Niall (2008), *The Ascent of Money. Financial History of the World*, Nueva York, The Penguin Press HC.

GRAY, Theodore (2013), *Los elementos*, Londres, Touchpress Ltd. (versión para iPad).

HART, Matthew (2013), *Gold: The Race for the World's Most Seductive Metal*, Nueva York, Simon & Schuster.

HOUSECROFT, Catherine, y SHARPE, Alan G. (2006), *Química inorgánica*, Madrid, Alhambra.

HUTCHINSON, Brian (1999), *Fools' Gold: The Making of a Global Market Fraud*, Nueva York, Knopf.

KEAN, Sam (2011), *La cuchara menguante y otros relatos veraces de locura, amor y la historia del mundo a partir de la tabla periódica de los elementos*, Barcelona, Ariel.

KWARTENG, Kwasi (2014), *War and Gold: A Five-Hundred-Year History of Empires, Adventures, and Debt*, Nueva York, PublicAffairs.

LOUIS, Catherine, y PLUCHERY, Olivier (2012), *Gold Nanoparticles for Physics, Chemistry and Biology*, Singapur, World Scientific.

McEWAN, Colin (ed.) (2000), *Pre-Columbian Gold: Technology, Style and Iconography*, Londres, British Museum Press.

McHUGH, J. B. (1988), «Concentration of gold in natural waters», *Journal of Geochemical Exploration*, n. ° 30 (1-3), pp. 85-94.

MERCHANT, B. (1998), «Gold, the Noble Metal and the Paradoxes of Its Toxicology», *Biologicals*, n. ° 26 (1), pp. 49-59.

MOORS, Annelies (2013), «Wearing gold, owning gold: the multiple meanings of gold jewelry», *Etnofoor*, n. ° 25 (1), pp. 78-89.

MORRIS, Richard (2003), *The Last Sorcerers: The Path from Alchemy to the Periodic Table*, Wahington, Joseph Henry Press.

Nassau, Kurt (2001), *The Physics and Chemistry of Colour*, Hoboken, Wiley.

Navarro Yáñez, Alejandro (2015), *El secreto de Prometeo y otras historias sobre la tabla periódica de los elementos*, Córdoba, Guadalmazán.

Quadbeck-Seeger, Hans-Jürgen (ed.); Faust, Rüdiger; Knaus, Günter, y Siemeling, Ulrich (1999), *World Records in Chemistry*, Hoboken, Wiley-VCH.

Rapson, W. S. (1978), *Gold Usage*, Cambridge, Academic Press.

Reeves, Keir; Frost, Lionel, y Fahey, Charles (2010), «Integrating the Historiography of the Nineteenth-Century Gold Rushes», *Australian Economic History Review*, n.° 50 (2), pp. 111-128.

Revere, Alan (1991), *Professional Goldsmithing: A Contemporary Guide to Traditional Jewelry Techniques*, Nueva York, Van Nostrand Reinhold.

Rothbard, Murray N. (2009), *Man, Economy, and States*, Auburn, Ludwig von Mises Institute.

Salinger, Lawrence M. (2005), *Encyclopedia of White-Collar & Corporate Crime*, Thousand Oaks, SAGE. Scerri, Eric (2006), *The Periodic Table*, Oxford, Oxford University Press.

Schmidbaur, Hubert; Cronje, Stephanie; Djordjevic, Bratislav, y Schuster, Oliver (2005), «Understanding gold chemistry through relativity», *Chemical Physics*, n.° 311 (1-2), pp. 151-161.

Sehgal, Kabir (2015), *Coined: The Rich Life of Money and How Its History Has Shaped Us*, Nueva York, Grand Central Publishing.

Sherr, R. ; Bainbridge, K. T., y Anderson, H. H. (1941), «Transmutation of Mercury by Fast Neutrons», *Physical Review*, n.° 60 (7), pp. 473-479.

Strathern, Paul (2000), *El sueño de Mendeléyev. De la alquimia a la química*, Madrid, Siglo XXI de España.

Treister, M. Y. (1996), *The Role of Metals in Ancient Greek History* (Mnemosyne Suppl. 156), Leiden, Brill.

Vassileva, Maya (1997), «King Midas: between the Balkans and Asia Minor», *Dialogues d'histoire ancienne*, vol. 23, n.° 2, pp. 9-20.

Vilar, Pierre (1976), *A History of Gold and Money, 1450-1920, online* – Internet Archive.

Vilches, Elvira (2010), *New World Gold: Cultural Anxiety and Monetary Disorder in Early Modern Spain*, Chicago, The University of Chicago Press.

Warwick-Ching, Tony (1993), *The International Gold Trade*, Sawston, Woodhead Publishing.

Un Anillo para gobernarlos a todos. Un Anillo para encontrarlos, un Anillo para atraerlos a todos y atarlos en las tinieblas.